餐飲空間設計聖經

2.0

目
錄

CHAPTER

1

餐飲空間
設計師心法開講

為了探討當今餐飲空間設計趨勢，本章特別邀訪 12 位國內外餐飲品牌設計經驗豐富的設計師，分別從空間、識別與品牌形象等身分切入討論，透過他們對今昔實體餐飲空間不同的趨勢觀察，各自提出專業領域內的策略與建議，為有意投身餐飲空間的設計師更多元的思考方向。

☕ **空間設計**
　　◎ 隈研吾 隈研吾建築都市設計事務所
　　◎ 橋本夕紀夫 橋本夕紀夫設計工作室
　　◎ 甘泰來 齊物設計
　　◎ 利旭恆 古魯奇建築諮詢有限公司
　　◎ 利培安 Studio APL 力口建築
　　◎ 吳透 II Design 硬是設計
　　◎ 呂宗益 雷孟設計
　　◎ 周易 周易設計工作室
　　◎ 孫少懷 孫式空間設計有限公司
　　◎ 黃家祥 木介空間設計工作室

☕ **品牌形象與識別設計**
　　◎ 馮宇 IF OFFICE

☕ **餐飲品牌顧問**
　　◎ 鄭家皓 直學設計 Ontology Studio

餐飲商空的設計核心，
是為了達到食感與空間感的完美平衡

▶▶▶ **隈研吾**

「未來餐飲空間的設計趨勢，會越來越注重食物與空間的關連性、拉近空間與食物的距離，讓顧客踏進餐廳的第一刻起，從空間到用餐、完膳，都能處在和諧與舒服的氛圍中，簡單來說，就是在用餐的整體過程中，都能享有五感的完美交融。」隈研吾表示，餐飲空間設計絕不能脫離飲食情境而獨自存在，因此在設計過程中他會不斷反問自己，「在自己現在所設計的空間裡享用這道美食，會是什麼樣的感覺？」利用這樣直覺的方式來決定適合此處的設計跟創意，所以作為餐廳空間設計者，要好好利用空間的條件，爬梳整理出人與土地、食物之間原本那份親密相依的關係，這才會是理想的餐飲空間。

不為與別人不同而產出創意，爬梳食物人文與土地的脈絡

隈研吾說道，好的料理會依照季節選用在地盛產的新鮮食材，透過廚師獨特料理手法，讓料理呈現出令人驚豔的特色，而空間設計的道理也相同，選用當地特有的木頭、竹子、石材等自然素材，從這些當地住民熟悉的元素中，找出令人耳目一新卻又感到親切的感覺，這就是餐飲空間設計最好的創意呈現，但他同時提點，如果說餐廳的設計就是要全盤依照餐點特色去規劃，似乎也不盡然，不如說餐飲空間的設計，就是要努力用心去掌握「之間」的平衡感，意識到每口食物最細微的味覺及食材的質感，與整個餐廳經緯度間所存在的關係，盡可能去找到其中的平衡點，讓食物與空間產生最完美的幫襯交流，因此當他去不同餐廳用餐時，會特別注意每個餐廳所搭配的傢具、窗簾與裝飾擺設，所以，一間餐廳除了空間創意之外，使用的材質也會是他很關心的重點，這些組合會帶給隈研吾個人許多設計上的靈感。

「我不贊成突兀破壞景觀的建築，餐飲空間設計也是一樣，面對不同個案進行設計時，切入角度不應該是『怎樣才能跟別人不同』，而是『如何以空間設計回應在地環境、不同的文化與風土民情，以及餐廳經營者與廚師想透過料理所表達的心意』，讓這些元素能都透過設計，一同傳遞到人們心中。」語末，隈研吾分享他對餐飲空間的設計核心精神。

" 餐廳空間不是獨立設計的個體，而是要掌握食感與空間感的完美平衡，以設計回應在地的人文與風土。

隈研吾｜隈研吾建築都市設計事務所負責人

餐飲空間設計代表作品 遠藤壽司餐廳（英國）、koé donuts（日本）、We Hotel TOYA（日本）、Také（香港）、SHIZUKU（美國）、Nacrée（日本）、Pigment（日本）

圖片提供＿隈研吾建築都市設計事務所

圖片提供＿隈研吾建築都市設計事務所

圖片提供＿隈研吾建築都市設計事務所

隈研吾強調，好的餐飲空間設計設應該掌握料理精神與空間之間的平衡，爬梳整理出人與土地、食物之間原本親密相依的關係。

設計不能只專注於材質，更重要是整體氛圍表現

▶▶▶ **橋本夕紀夫**

　　「面對餐飲空間設計，需要從多元的設計概念出發，只要概念設想清楚，自然就會出現清楚的設計方向。」橋本夕紀夫表示，做為支持餐飲品牌不斷創新與轉型的設計師，他相當堅持設計過程中必須要考慮到各種變因，例如工作人員接待顧客用餐的整個過程，這是消費者用餐體驗中非常重要的一環，因此，好的餐飲空間設計必須把服務人員的使用狀況一併思考進去，而不只是站在顧客立場去想像整個空間的營造。他進一步說道，一個成功的餐飲空間除了顧及消費者的用餐觀感，更要能充分支持工作人員所需，讓他們有充分的自信心與驕傲，去面對每日流水般的顧客與各種突發狀況，在這樣的正向投入後，工作人員自然能拿出最好的款待態度來招待客人，從而讓顧客擁有美好體驗，進而有再三回訪的意願，形成一種正面的循環。

開放式廚房與顧客用餐距離，將成為餐飲空間設計的重要課題

　　「當今餐飲空間的創新設計，早已顛覆了過往把廚房藏起來的傳統思維，越來越多的餐飲空間會把『展示廚藝思維』與『開放性廚房』當成設計重點。」橋本夕紀夫表示，讓廚師們盡情展現自我風格的開放式廚房，對餐廳與品牌來說愈來愈重要，當顧客作為整場料理過程的旁觀者，也是參與了這整段過程的發生，並成為他們用餐體驗的一部份，這樣的共享經歷能夠幫助顧客瞭解餐廳的經營理念，也能提升對品牌價值的認同感。

　　設計的變化取決於餐廳構成的概念，因此面對餐飲空間的設計工作前，橋本夕紀夫都會把「兼顧美學的意義性及功能性的設計」作為設計的目標跟重點，為了能確實履行這個目標，必須時時保持著清楚的概念，且不斷與品牌方確認，盡量不因其他中途發生的意外而迷惑了原本的想法，才可避免落入徒有外觀表象的圈圍。

　　在世界各國的日常生活仍被新冠肺炎疫情牽動的情況下，除了改變大眾生活的面貌，也勢必影響了未來餐飲空間的設計趨勢，讓設計概念與方向產生巨大的變化，未來如何保持顧客的用餐距離，又能有效利用空間展示出餐廳概念與設計主題，將會是餐飲空間設計要面對的一個重要課題。

『

設計不只是注重材質，更是一種氛圍的呈現，過程中崭現美學性、
意義性與功能性，讓餐飲體驗更美好。

橋本夕紀夫｜橋本夕紀夫設計工作室創辦人

餐飲空間設計代表作品　晶華酒店 ROBIN'S Grill（台灣）、康萊德酒店 KURA 與
C:GRILL 餐廳（日本）、東京灣希爾頓飯店 Lounge O（日本）、
Yakiniku Toraji 燒肉店（日本）、Yakiniku TORAJI Kichijoji 燒肉店
（日本）

圖片提供＿橋本夕紀夫設計工作室

圖片提供＿橋本夕紀夫設計工作室　　圖片提供＿橋本夕紀夫設計工作室

身為日本三大餐飲空間設計名家之一，橋本夕紀夫每件作品都能將設計概念發揮到淋漓盡致，保持清楚的概念是他在設計時秉持的原則。

以理解層層包裝下的商業思考做為起始

▶▶ 甘泰來

　　感性空間的呈現，或者說「詩意的空間」，是透過一連串的設計思考及協同運作逐步架構完成，尤其在商業空間，人身處其中的所有體驗都經過設計，誰是目標客戶、哪些時間情境前來、勾動何種情感、產生什麼行為……最終讓人欣然買單，這樣的空間要吸睛更要脫「俗」，如何做？得先讀懂業主可能說不清楚的想望，以及理解層層包裝下的商業思考做為起始。對齊物設計總監甘泰來而言，這些空間都是「人與人交會的場所」。在看與被看、消費與娛樂之間，空間體驗所帶來的魔幻魅力，讓人情不自禁心甘情願掏錢買享受，可算是幾乎成功的設計。

以現代手法表現細膩奢華飲宴體驗

　　對於餐飲空間規劃，甘泰來經常從業主的營運思考出發，至於從內涵衍伸而出的具體畫面，則抓住一個重點大大發揮，效果要足，但不能放任其他元素喧嘩一片，方能讓人在驚豔之後沉澱下來，在感官開啟後以聲色觸味等五感不經意覺察到空間中的設計細節。因此，說明設計時他通常會給予情境，極少拋出高冷的設計語言，反而擅長以通俗易理解的方式與業主溝通，讓空間使用者進入狀況，並精準設定每個體驗的強度和方式。舉 2017 年完成的村却國際溫泉飯店為例，是近年少數由台灣設計師完全主導的大型設計案，基地位於宜蘭縣羅東火車站旁，業主擁有深厚的在地背景，看中宜蘭當地的宴會餐敘需求，甘泰來從商業營運模式切入設計，以 8 間功能與風格各異的餐飲空間滿足宜蘭人宴會需求；其中位於 23 樓的 EAST ＆ WEST 23 東西匯，開放式廚房設計讓人親見美饌料理的現場，左右分別為兩種風格迥異用餐空間，從名稱、料理主題規劃到空間設計都以「對稱梗」鋪排；另外，由於基地具有一覽蘭陽平原美景優勢，於是甘泰來將連綿的窗景映入不同的高度及角度的景色，作為座位區流動框景，讓飲宴時光加入蘭陽平原的記憶元素。

　　餐飲商空中要整合的人事時地物細節鉅細靡遺，過程中有許多「之間」的介面要處理，氣氛是要延續或轉折？如何讓設計的精神性與使用的情緒性並存？如何成就感性而不媚俗的空間？並讓消費者有強烈的記憶點與對價感，才能讓餐飲品牌歷久彌新。

> "
> 在眾聲喧嘩的商業空間戰場，只消一眼就得立馬吸引目標族群的目光，做到這件事，才可能進一步讓顧客感受精心規劃的產品、服務與體驗，進而沉醉當下，離開後惦著下次呼朋引伴再來。

甘泰來｜齊物設計總監

餐飲空間設計代表作品 青花驕、村却國際溫泉酒店所屬餐廳、Dozo 日式創作居酒屋、Brown Sugar 上海新天地店

圖片提供＿齊物設計

攝影＿游宏祥攝影工作室

2017 年落成營運的村却國際溫泉飯店，全館餐廳與公設、客房都由甘泰來設計，其中位於 23 樓東西匯的 West 以玫瑰金鍍鈦和黑鋼訂製的酒櫃廊道，鋪陳檔次更高的用餐情境。同樣位於 23 樓的天台酒吧，藉由吧檯發光體、全鏡面天花板、不鏽鋼牆面及跳動的 LED 燈，將戶外滿天星引入，內外皆可感受滿天星斗的動人氛圍。

將設計深化到品牌定位，
共同發展出經營的新樣貌

▶▶ 利旭恒

　　要在百家爭鳴的餐飲市場中成功突圍，是許多餐飲品牌必須面對的課題，古魯奇建築諮詢有限公司設計總監暨創辦人利旭恒認為，除了擁有好的產品，如何善用設計讓品牌被看見，甚至帶來好的體驗，也是經營餐飲品牌須留意之處。利旭恒建議在餐飲空間越來越同質化的當下，進入市場前須做好調研與分析，藉此找出特色並確立品牌的主題與核心以及品牌的定位與內涵，進而再依據品牌調性確立風格，並以品牌定位執行設計，他表示，「讓設計不單只有視覺意涵，而是能進一步深化到企業文化與定位，共同發展出經營的另一番樣貌。」

　　而要讓設計深入到品牌核心價值，他認為可善用視覺識別系統（VIS），因為視覺識別系統不僅是顧客辨識品牌的第一步，亦關係到給予顧客留下深刻記憶的關鍵，如今視覺識別系統的觸角已從品牌LOGO、包裝、員工制服，再延伸至餐廳內的動態影片、背景音樂等，甚至也會串聯到室內設計的規劃，使整體緊扣品牌精神，在風格呈現亦能保有一致性，有利於加深消費者對品牌的記憶性。

將主題、故事放入設計中，藉由情感層面拉近距離

　　利旭恒談到，「目前餐飲空間設計『高顏質』已是基本，這給了消費者想認識你的動機，但接下來要獲得顧客信任，最重要的是品牌自身的內涵。」因此他會在設計中加入主題或故事，傳遞品牌核心價值，同時也能傳遞情感。另外他也明確點出，餐飲空間設計畢竟屬於商業中的一環，在注重設計體驗的同時，商業利益才是所有需要考慮問題中的重中之重，「無論我們怎麼去做餐廳設計，都會把商業利益最大化放到設計的核心部分，經營得以永續，設計的存在才會更具意義。」

　　今年各行各業無不受疫情影響，對此，利旭恒表示，受疫情所致，人類已經改變了以往的生活方式，未來餐飲會發展成什麼模式，短時間可能無法預知，不過在此之前，餐飲空間設計上應該要多考慮未來空間的可變性，傢具盡量以活動式為主，好對應未來的不可預測性；在銷售方面則要加強外賣模式，對應到設計則要深思外送員與內用人員的動線分離，取餐區與用餐區域的區隔；至於在裝飾材料、設備方面，則建議多考慮易清洗好消毒的飾面，而冷氣空調要以獨立系統為主，以利後續清潔與維護。

> 要讓設計成為顧客認識品牌的第一步，其中能予以主題或故事，好
> 將情感順勢傳遞並產生共鳴。

利旭恒｜古魯奇建築諮詢有限公司設計總監暨創辦人

餐飲空間設計代表作品　全聚德溫哥華店、湊湊、溫野菜、牛角、味千拉麵、王品、
海底撈、原麥山丘、KIKI、輝哥、官也街、雲海肴

圖片提供＿＿古魯奇建築諮詢有限公司

圖片提供＿＿古魯奇建築諮詢有限公司

圖片提供＿＿古魯奇建築諮詢有限公司

親子餐廳「維塔蘭德」以溫和的木
質材料、純淨清新的顏色以及高低
錯落的「樹屋」造型，打造父母和
孩子共同的樂園。

複合營運結合畸零地再造，
創造餐飲商空未來趨勢

▶▶▶ **利培安**

　　餐飲商空對於一般消費者而言，多半停留在「燈光美、氣氛佳的飲食場域」這樣表淺印象，但隨著創業風氣的盛行，越來越多有想法的經營者投入市場，他們認為，店鋪除了是營利手段外，同時也能成為理念推廣或藝文展演的據點，因此複合式營運成為新的趨勢潮流。力口建築設計師利培安以「常常好食健康製作所」為例，說明「健康的生活」是品牌方本身致力推廣的核心概念，因此衍伸出地中海飲食、瑜珈課程與生活課程三大面向產品，希望讓消費者的身、心、靈都能獲得照顧；加上又有專屬團隊出版書籍傳遞相關知識，這種一條龍式的規劃，是餐飲市場中很有系統也相當新穎的模式。因此在空間設計上，利培安不做過多的格局變動，反而藉由色彩點綴與鋪陳去強化印象、製造亮點，也順應基地條件，將天井區域做活化，既讓老屋美感可以保留，又因為建築的磨石地坪與壁面、新活動的導入，讓到訪消費者能沉浸在過往與現在融合的氛圍中，無形中也吻合了品牌方所傳遞的慢活精神。

讓空間個體與環境更具互動連結

　　除了將老屋活化再利用之外，利培安認為「都市畸零角改造」也是具有潛力的發展方向，他以「常一嚐」講解，說明店址恰好位於兩條馬路匯流的交界，後方又有一條大的排水溝，雖然車流頻繁也積攢了一些固定客源，但整體而言，在區位安全性、品牌辨識度上皆不是很理想，因此改造時他將眼光從點的修飾，擴展到面的覆蓋，例如利用鮮豔的黃色作為品牌色，一來突顯店鋪存在感；再者藉由三角型基地剛好處於交通道路交匯要塞，而作為提醒各路來車的警示效果，達到增加自身與周邊環境的安全性目的；此外，大武崙溪常年有淹水現象，每處店家後方都有紀錄大排過往的淹水高度標誌，看見如此負面的記憶與印象，利培安藉由親水平台的規劃，既成為品牌方攬客優勢，同時又能翻轉居民對於大排的想像，從而誘發更積極的環境保護意願，另外將整體空間拆分為兩區塊的空間計畫，雖然少了部分使用面積，卻讓進、出貨和點餐、候餐跟取餐的機能更有效率，就店家、社區、消費者三方，都是更方便美觀又便捷的共好局面。

　　利培安分享到，正因為飲食商空是消費者最容易親近的據點，因此設計者應該在規劃時更細膩地去探究基地本身顯、隱性條件，方能更宏觀地做內外呼應，成為不僅是拍照打卡、滿足口腹的營利地點，而是更能發揮影響力的品牌精神傳遞空間。

> 餐飲空間是「私領域公共化」的影響力推廣起點，唯有將品牌精神、環境互動與消費者需求結合，才能達到長遠的互利共榮目標。

利培安｜Studio APL 力口建築設計師

餐飲空間設計代表作品　芫固和食、常常好食健康製作所、常一嚐、大和頓物所、
　　　　　　　　　　　紅頂穀創、曉拾光義大利餐廳、珈琲錦小路

圖片提供＿力口建築

圖片提供＿力口建築

餐飲空間作品「常一嚐」，利培安深究基地本身顯、隱性條件做內外呼應，成為傳遞品牌精神的影響力空間。

圖片提供＿力口建築

餐飲空間作品「常常好食健康製作所」，利培安將品牌給予顧客的想像從1樓門面拓展到整棟建築外觀，包含配色、區域配置，甚至是夜晚照明效果，透過整體美學與行銷思考，在在勾起路過客對品牌的好奇。

於空間注入心中的風景，
讓文化意象豐厚品牌形象

▶▶▶ **吳透**

　　硬是設計設計總監吳透於商業空間設計領域耕耘多年，亦不乏創造出經典且令人驚艷的作品，問及思考商業空間設計的出發點時，他表示，在接受品牌委託後，先了解其商業模式是第一步，在確認其商業模式具有獲利潛質後，會進一步探討品牌的核心精神，試圖從中攫取有機會被鋪敘成故事線的概念，進而讓空間成為訴說故事的載體，「通常我們會花很多時間梳理品牌的脈絡，試圖從不同面向去找出投放在這個空間能合理存在的設計主軸，然後緊扣著這個主軸去向前推展設計，同時也把視覺設計整合進來，因此從設計發想初始便持續與品牌討論視覺意象統整，也是十分必要的一環。」對於近年來爭相談論的餐飲空間創新的議題，吳透也有著自己的一番見解，空間創新的目的應是「提升餐飲體驗」，而非一昧的追求顛覆，其思考仍舊不能背離餐飲的本質，也不能罔顧飲食體驗與商業模式之間的平衡。

建構空間是為了實現心中的風景，打動人心才能深化品牌印象

　　若細看吳透所設計的空間，會發現他們都無法被既有的風格進行定義，而從此處也能一探他在經歷不同案件的洗禮後，仍然堅持的設計初衷，「這些年，我幾乎不會跟業主談論風格，因為既定的風格會侷限了設計上的種種可能，與他人的作品也會有某種程度的相似感。因此他通常考慮的是，如何做出會打動人的風景，希望能讓每一個人都能與空間產生獨特的回憶與連結。」吳透如此說道，因此如永心鳳茶創始店，展現了台洋揉雜的「大正浪漫」、舊振南百年傳統的「文化沙龍」、Draft Land 回歸本質的「退一步的質感」，又或者是以「萬花筒」的概念，隱喻挑食 Gien Jian 堅持選用在地食材做出變化的核心精神，以及 Simple Kaffa 的「森林／無盡藏」等等，皆是先設定好精神主軸，進而讓空間的設計繞著這個概念發展與推演。

　　此外，關於材質的思考，他深受 Louis Kahn 的啟發，並分享了大師看待材料的態度，「我們不該任意的使用材料，認為單一材料可以使用在任何地方，我們只能尊重材料本有的長處，而不能欺瞞它，使它的特質被埋沒。」因此在選用材料之前，相較於效果，吳透首先是琢磨材料的特性，盡可能使用真實、現地的材料，並以其原有的肌理作為安排的依歸，並從中實驗出「不順從」的做法，使其得以不必拘泥於制式的用法，但仍不會掩蓋其最佳的質地呈現。

> 不要談風格,而是去思考風景,去想像那些在空間中可能會觸動人心的風景,然後扣著設定好的概念,漸次發展設計。

圖片提供＿硬是設計

吳透 | II Design 硬是設計設計總監

餐飲空間設計代表作品　舊振南餅舖、Gien Jia 挑食餐酒館、AKAME、Draft Land、臺虎精釀啜飲室大安、永心鳳茶中山店

GIEN JIA

「挑食」餐廳空間裡,吳透將品牌法式精神與台式復古語彙完美結合。

爬梳時代背景 X 跳脫重複設計，
從戲劇中攝取場景養分

▶▶ 呂宗益

　　雷孟設計設計總監呂宗益，自 2016 年便跨足餐飲空間的設計，從起初的小型單店設計，到接手以「台灣味」為核心主軸的姊妹品牌「永心鳳茶」、「心潮飯店」等空間設計，開始於設計中注入關於品牌識別以及拓展消費者體驗的思維。呂宗益表示，在發想設計初期，透徹的與業主討論品牌的核心價值是後續推演空間設計的根基，以永心鳳茶為例，其以推廣台灣茶為主軸，卻希望能帶給消費者不同於以往的飲茶體驗，不僅包含飲茶空間到服務流程，甚而是沉浸於刻意設定的文化背景氛圍中，故定位在日式大正時期的永心鳳茶，呂宗益賦予其沉穩的深藍色調，並以木頭與藤編元素，輔以低調內斂的黃銅材質局部點綴，藉此表達該時代背景下，東西文化交匯的特質。呂宗益分享自己擷取靈感的方式，居多來自於廣泛的觀看電影以及影集，藉由觀看的過程爬梳不同時代背景下的經典元素，如此才能讓設計更精準的表達出特有的文化風景。

社群行銷崛起影響門面設計，包廂式座位更能滿足社交需求

　　問及投入商空設計以來，感受到的最大轉變？呂宗益笑道：「社群行銷的崛起，連帶影響餐飲空間的設計重點，空間是否具備拍攝亮點成為行銷能否有成效的關鍵。此外，空間中的細節度也有了更高的要求，消費者會期待在不同的角落能找到驚喜，因此軟裝的擺設也較過往受到重視。」另一方面，由於餐館儼然成為聚會的重要場所，其社交的功能不容忽略，因此為了讓交談空間能更加獨立且互不干擾，包廂式的座位設計也逐漸普遍化，不過在設計上開始跳脫傳統的隔間設計，居多傾向於採用半開放式的做法，避免空間的視覺感過於隔斷且狹窄，讓氛圍與風格能保持一致性與延展性。除了包廂式的座位躍升為熱門選項以外，在卡座的設計上也愈發少見 2 人或者 4 人座的配置，而是開始思考如何讓座位數能更加靈活，例如採用 U 型座設計，或者加長沙發座椅的長度，可視情況需求滿足 4 ～ 8 人的聚餐。

　　面對難以自絕於外的餐飲空間設計升級趨勢，呂宗益亦提出忠告：「在思考品牌與空間的創新時，無論是設計師或者經營者，都需要不厭其煩的溝通品牌的核心價值，找出不同於同業的差異點為何，進而設法凸顯獨特性，萬不可草率的跟風與模仿，以免品牌失去辨識度與經典性。」

> 商空設計一定要扣合在品牌的核心精神上，才能給予消費者反覆咀嚼尋味空間，並成為深化品牌精神並將其立體化的載體。

呂宗益｜雷孟設計設計總監

餐飲空間設計代表作品　心潮飯店、永心鳳茶（台中勤美店、台北新光南西店、台北信義店、高雄十全店）

圖片提供＿雷孟設計

圖片提供＿雷孟設計

圖片提供＿雷孟設計

圖片提供＿雷孟設計

在設計座位配置須考量到現今的消費需求與型態，同時兼顧工作人員的送餐、接待動線；另外，即使為同一品牌設計店面，亦無須全然複製，反倒盡可能提取出重點的元素，加深大眾對於品牌的印象，而軟裝擺設則可勇敢地做出變化，使每一間店面都能有不同的驚喜。

善用設計激發更多消費慾望

▶▶▶ **周易**

好的餐飲空間設計，要能創造出一種到店就是時尚、外加強迫上癮式的全方位官能體驗，就能為品牌創造出持續登高的附加價值，周易設計工作室創辦人周易透過耳目一新的材質組構、獨家比例、搭載著強有力的敘事感染動能，不只讓空間主動發聲，也能藉此喚起顧客心中潛藏的崇敬意識，增強如同置身殿堂的參與尊榮感，就是餐飲空間為品牌與料理加分的印象效果。

創造如電影場景般的劇情張力，增強味蕾的印象感受

他表示，自地自建式的餐飲空間設計，看起來有許多發揮的可能性，卻也增加多方位思考的難度，從地景雕塑思維到園林造景借景、燈光設計等都須多方琢磨，甚至是空間中人員的動線都要考慮進去，成為整體設計的一部分，讓完成後的物體隨著日夜與四季，也能變換著不同風貌，顧客每一次造訪都能產出新的感受，但好的空間設計不能在完成後處於停滯靜止的狀態，而是能因著時序流動跟四季更迭有著種種不同的迷人面貌，讓空間在脫離了設計師的平面設計之後還能有著持續的生命力。故無論從文明或藝術的元素切入餐飲空間設計，皆要能夠營造出電影場景般的氛圍張力，從中凝聚成該場域強大的吸引力，賦予令人回味的韻味。

他以「昭日堂燒肉」品牌為例，其建築載體取法自安藤忠雄靜謐入世的清水模量體，再從門口的青竹老松沐光相迎擺出迎賓姿態，進門後滿眼天井水域沁涼純淨，加上碩大圓筒、鼓陣羅列，宛如戲劇般的場景設計，帶出享用燒肉的大器感受，就是利用了視覺效果來增加味蕾滿足感；而「屋馬燒肉國安店」則是利用原石砌出的的自然元素搭配間接燈光的沉靜效果，有別於昭日堂的明亮夏日風情，從店內色調到燈光設計都走向沉靜內斂的低調奢華感，入門迎賓的無邊際水池與後方火爐的水火同源給了顧客強烈的第一印象。

最後談到餐飲空間設計細節，周易提醒，除了顧客用餐場域的場景設計，餐廳該有的油煙、排風設備、餐用爐具到男女洗手間，這些非為空間主題的細節，可能不像造型設計那麼明顯吸睛，卻不能因此草率相應，這些細節正是會大大影響訪客願不願意再度來店體驗的關鍵，因此大處著眼小處著手，在設計思考上，儘求貼心完美。

> 直指人心的餐飲空間設計，須涵蓋全方位感官思考，不光討好味蕾，更要激發一而再的消費慾望。

周易｜周易設計工作室創辦人

餐飲空間設計代表作品　屋馬燒肉（國安店、中友店、崇德店）、昭日堂燒肉、天水玥秘境鍋物殿、輕井澤拾七石頭火鍋（永春東七店）、九川堂鍋物

圖片提供＿周易設計工作室

圖片提供＿周易設計工作室

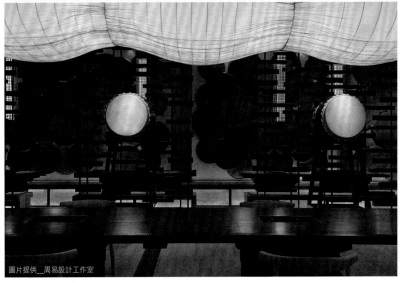

圖片提供＿周易設計工作室

在「屋馬燒肉國安店」與「昭日堂燒肉」空間中，周易運用電影般的戲劇張力場景，讓餐飲空間能維持味蕾優勢之餘，連帶增強消費者願意再度回訪的印象分數，提升品牌附加價值。

以經營為核心
展現設計專業

▶▶ **孫少懷**

設計一間吸引網紅來打卡的餐廳，對多數室內設計師來說絕非難事，但要會設計，又懂得餐廳經營，甚至自己還開過餐廳，更重要還是位老饕，不只熱愛美食，餐廳們主廚更是把他當成自己人，當今還真只有孫式空間設計有限公司設計總監孫少懷做得到。從美國紐約 PRATT 設計學院室內設計的訓練，到畢業後又續留一年，穿梭於紐約高級餐廳研究美食、紅酒，造就孫少懷在餐飲領域，不論是主題經營、空間氛圍、服務細節仍至核心關鍵的酒、食，都有著超越設計師角色的獨特視野及獨到見解。

「不是每個人開餐廳，都一定有金主，辛苦存了幾百萬創業，不能不去想他們要如何生存下來，我承受不起……」孫少懷嚴肅地說道，每個業主來找，他都要花很多時間去溝通，非常仔細地詢問，業主想要開什麼樣的餐廳？人均價位？計畫幾年回本？有多少預備金？由於他自己也曾開過餐廳，對於餐廳的經營開銷成本很清楚，最後才去推算業主能花多少錢在餐廳的設計裝潢，若業主現有的裝潢預算，無法對應到想要的經營價位，他會建議放棄或是重新調整定位，「設計師要把空間設計到吸引客人來並不難，如何協助業主把日後經營壓力降到最低，才是最重要的。」

從經營質變的創新才是真創新

談到餐飲空間的創新及潮流變化，孫少懷表示，過去一間餐廳要成功有幾個條件，一是地點、二是食物、三是服務、四是價位，最後才是裝潢設計，現在資訊的發達，讓地點不再是最重要，可以租在交通沒那麼便利，房租相對便宜的地區，而費用改變就會牽動成本結構，就能給予餐飲空間或經營創新的餘地。他表示，裝潢設計也許可以在開店初期創造話題，但能留住客人的最終還是食物、服務，所以餐飲的創新不應該只著眼在設計，至於空間的風格形塑，他認為要設計一家有溫度有熟客的餐廳，還是要回到老闆個性去延伸，絕非設計師強加給予，品牌連鎖則更要回應整體策略。

然而不管設計何種餐飲空間，孫少懷都有三件事不做，一是不做次位：他認為除非是包廂，不然所有座位獲得空間舒適性應該是一樣的，也許無法給每個座位景觀，但可以透過設計手法，也許藉由提高地坪或是很厲害的燈或是傢具來「彌補」，而不是用「塞」的，讓來客覺得沒有對等的被對待；二是不浪費服務動線：服務在餐飲是非常重要的，不能因為動線設計反而造成服務人員的負擔，那會留不住人；三是不因設計造成使用維護的困難：餐廳經營是長久的，使用維護時要考量細節，像是材料選擇及人體工學都是設計師可以也應該掌控，這才是設計師該有的專業。

"

餐廳空間的創新，應該回到經營本質，才能永續，而非設計！

孫少懷｜孫式空間設計有限公司設計總監
餐飲空間設計代表作品　小林食堂、ROSSINI、ICHI、品田牧場、ANTICO FORNO

圖片提供＿孫式空間設計有限公司

對孫少懷而言，一家有溫度有熟客的餐廳才能長久經營，除非是品牌連鎖店，不然餐廳的風格都應該符合經營者的個性，像 ANTICO FORNO 主廚本身就是經營者，因為喜歡義大利菜邊特別飛去學習，這餐廳就如他的個性溫暖而熱情。

設計師在配置平面時，不應用「塞」的，而是要試著從每個座位去思考平等的舒適性，然後再運用設計手法如吊燈、傢具來強化。

空間的創新來自於經營型態，2000 年設計小林食堂時，就以不同於一般日本料理的座位設計來點出新式日式料理的特色。

從品牌定位、空間氛圍的獨特性，
創造與大眾的黏著度

▶▶▶ **黃家祥**

「隨著近年來社群媒體與消費大眾的黏著度提升，加上許多國外餐飲品牌紛紛進駐台灣，大眾對於飲食文化這件事，不再只是單純追求好吃。」木介空間設計工作室總監黃家祥說道，除了食物美味之外，從空間、體驗、服務是否能賦予刺激與新鮮感下手，反而才能抓住大眾的心理感受以及對品牌的記憶點。他舉例位於嘉義梅山的空氣圖書館，雖然取名為圖書館，但裡頭卻沒有書籍，而是將餐飲結合各式植栽綠意販售，有著深山中最美的圖書館稱號，掀起一陣熱度，黃家祥分析，過去單一的餐飲模式慢慢隨著大眾意識、消費型態而有所轉變，多樣化的複合餐飲形式正逐漸發酵當中，不論是自身學習拓展，或是與他人串聯整合，像是陶藝、器皿等品牌的連結，以獨特的品牌服務、體驗才能留住顧客的心。

餐點、空間做出差異性，避免流行性才能長久經營

聊到新一代餐飲品牌的定位問題，黃家祥認為，食物好不好吃已是基本，大約佔品牌成功的 4 成左右，剩下的則是企劃與設計兩個層面，設計又囊括了從平面視覺到空間，當品牌設定明確，視覺與空間也必須互相整合，而不是各自獨立運作，以木介空間設計規劃的飲食客餐酒館為例，品牌 CI 識別色扣合空間氛圍、色調做整體性規劃，像是「鳳梀二義式・鍋物語」的招牌 LOGO 選擇橘紅色調，與戶外庭院有所跳脫，但考量若運用在室內反而過於搶眼突兀，因而團隊選擇了綠色由櫃檯延伸至用餐區域作為主軸色調，但又能與橘紅色 LOGO 相互襯托。另外，品牌定位亦可再劃分出兩條路線，一個是持續性經營、另一個則是快閃網美店形式，前者可結合餐點、空間特色做出差異性，例如選擇在老屋經營丼飯、日式火鍋的毛丼與毛房，本身老房子就是一個特色，再加上保留老屋與融合新設計、材質，賦予特殊氛圍卻沒有時代性、流行性的問題，即可避免僅是短時間炒話題。

面對未來餐飲空間的發展趨勢，黃家祥認為，在近期全球疫情的影響下，外送平台的崛起，日後餐飲空間規模或許無須太大，可降低管銷店租成本，而飲食這件事情也將愈來愈沒有地域性的問題，透過宅配可以傳送到各個國家，實體店鋪的存在與發展將是餐飲創業者值得深思的。

"

將一間店視為一個企劃，整合視覺、經營與空間的思考脈絡之下，
並加入品牌故事性，才能找到自身品牌價值與定位。

黃家祥｜木介空間設計工作室設計總監

餐飲空間設計代表作品　飲食客、毛房蔥柚鍋、牧炙、毛丼丼飯專賣店、
　　　　　　　　　　　鳳楓二 義式鍋物語、ZoneOne 第壹區冰品店

圖片提供＿木介空間設計

圖片提供＿木介空間設計

以老屋改造的毛丼，不以復舊為主，而
是讓新舊在空間中取得平衡，讓復古元
素更貼近實際使用需求，此案也獲得
2015 台灣室內設計大獎 TID Award 商
業空間類入圍。

圖片提供＿木介空間設計

位於屏東小鎮上的中價位鐵板燒，由餐
點本身歷史文化背景出發，以「和洋揉
合」為設計主軸，二樓用餐區大膽的用
色，桌面選用仿大理石紋薄板磚兼具質
感與實用性，由氛圍刺激消費者感官體
驗，更貼近鐵板燒的價位與服務。

不斷提問淬煉出品牌價值，
設計緊扣並渲染發揚

不論是新創或轉型餐飲創業者，有越來越高的比例在規劃前期，就會尋求專業設計團隊協助，馮宇所帶領的 IF OFFICE 近年也參與了多個新型態的餐飲品牌設計，如高雄知名台菜館的新創茶餐飲品牌永心鳳茶、台菜調酒吧心潮飯店，都是在建構初期就和業主一起釐清品牌核心價值，研究從核心價值出發延伸擴大品牌的個性與形象，再一一定調菜單內容、視覺識別與空間設計的方向。

只有產品好還不夠，要找出市場上非你不可的理由

馮宇笑著說，雖然產品好不一定會成功，但產品差肯定不會成功，在多年的經驗中，他悟出沒有絕對的成功方程式，品牌的成功都有當下時空背景的條件，有時成功更是來的莫名其妙，難以斬釘截鐵說出因為做對什麼而事成的，但他確信肯定是方方面面思慮越完整，夠聰明、夠努力，水到渠成的成功機率就能提高。但想開店，一定要問自己：這個世界上沒有你的產品或你這家店，會是全人類的遺憾嗎？這個說法是誇張了點，不過他想表達的是，有些創業者認為的自身特殊性或差異化優勢，其實在消費者眼中「沒什麼特別的」，如果創業者本身沒想清楚，即使找設計團隊打造出超帥的 CI 與空間，爆紅熱潮過後回歸基本面，是否還有吸引消費者再來的理由。

在釐清定位等基本核心價值之後，就要開始深入了解、研究產品，時時檢視是否緊扣核心價值、如何與市面品牌做出差異化，並要符合「邏輯性」，才能形塑完整而無違和感的品牌形象。他舉永心鳳茶為例，業主想創一個以創新台菜與茶為主的餐飲品牌，但是高雄與茶文化有什麼關係呢？有什麼理由說服消費者有資格販賣茶文化餐飲？他們便從歷史找線索，過去台灣對外貿易港口主要為基隆與打狗（高雄舊稱），高雄港是財貨貿易往來、東西文化交匯交流之地，茶葉是當時一項重要的商品，找到這個歷史脈絡後便提出想像：如果 100 年前在高雄有一家茶樓，會是什麼樣貌？那時台灣為日治時期大正年間，東西文化匯萃的和洋風格當道，因此從軟體、硬體到消費體驗，都以這個設定的邏輯發展下去，不論是菜單、識別、空間等等，在創意激盪的過程中隨時回頭校準，最後的完成度很高，因此，餐飲品牌形象是根植於自身價值與文化，據此建構出五感沉浸式體驗，才能一推出就受矚目，同時具備吸引顧客不斷回流的底蘊厚度。

"

餐飲品牌形象是根植於自身價值與文化，據此建構出五感沉浸式體驗，才能一推出就受矚目，同時具備吸引顧客不斷回流的底蘊厚度。

馮宇｜**IF OFFICE** 負責人

餐飲品牌形象規劃代表作品　永心鳳茶、心潮飯店、源穀食代 NUTURAL AGE、李阿求茶莊、穗科手打烏龍麵

圖片提供＿＿ **IF OFFICE**

圖片提供＿＿心潮飯店

圖片提供＿＿ **IF OFFICE**

圖片提供＿＿ **IF OFFICE**

以創意台菜結合水果調酒的心潮飯店，設定為 1920 年的紐約如果有一家台菜餐廳會是什麼樣貌，品牌定調後便圍繞這個核心概念發展，從品牌精神、菜單設定、品牌識別、空間設計、材質軟裝到服務氛圍等邏輯一致，進入品牌創造的沉浸式體驗。

核心價值與目標願景，
是餐飲品牌化必釐清的關鍵

▶▶▶ **鄭家皓**

開店創業四個字，落實到每一位老闆身上，每個人每個時期的想法、在意的點、考慮的事都不同，但事情的開端都有一個初衷，關係著為什麼想做？路要走到哪裡去？協助台灣餐旅新創品牌建構及既有品牌轉型的直學設計 Ontology Studio 創辦人鄭家皓，觀察到對每位創業者或經營者來說，餐飲品牌成功的定義不同，但不論是哪一條路，都必須回到最核心「想傳遞什麼價值」，尤其在全球產業經濟牽一髮動全身的趨勢下，新型冠狀病毒肺炎疫情看似是一個突發的大極端，其實也帶來一個訊息：「升級」是必要，而不是一句口號。

但想升級成品牌化經營，其實是需要付出「符合規範而產生的成本」，想要導入品牌設計、識別設計、空間設計、行銷規劃、營運團隊等專業時，透過導入這些設計後疊高價格的商品定位，更要有一群足以支撐預期市場的顧客持續買單，這些是經營者必經管理過成。

虛實整合及企劃力是未來餐飲的趨勢

鄭家皓認為，從商業模式出發並結合行銷力，也是一種餐飲升級的方式，如最近爆紅的「大師兄銷魂麵舖」，以「辣油界的愛馬仕」做出市場區隔，除了實體店鋪也開發包裝麵商品，不但做虛實通路零售，還有企業團購、海外配送，並搭配網紅推波助瀾，虛實整合擴大守備範圍。外送平台崛起改變民眾消費行為，但外送服務費，是一筆過去不曾出現的成本，究竟要誰來為它買單，市場還在調整變化中，但受疫情影響確實讓許多餐飲業者不得不上架到外送平台，但面對平台高抽成的壓力，還是須考量自身的條件找到合適的外送方案；而民眾因疫情減少外出、在家用餐的頻率增加，也開始選擇自己下廚，使得生鮮食材與熟食的訂單數大幅上升，這也迫使餐飲品牌開始思考開發料理包或冷凍商品等商機。

疫情造成內用與外帶外送營收佔比的消長，疫情結束後，會不會「回不去了」沒有人能預知。因此餐飲的企劃也不再只侷限於實體空間，如何在外送平台上吸引顧客，例如重新設定適合外送、健康不走味的菜單、優化外送包材等。疫情帶來的衝擊，是餐飲業者重新檢視自己，並思考轉型升級的機會，美味的食物早已是基本，持續提升實體空間的體驗並導入科技應用，是全球餐飲業發展的大勢所趨。

> 疫情帶來的衝擊，是餐飲業者重新檢視自己，並思考轉型升級的機會，美味的食物只是基本，持續提升實體空間的體驗並導入科技應用，才是全球餐飲業發展的大勢所趨。

鄭家皓｜直學設計 Ontology Studio 創辦人

餐飲空間設計代表作品 開井（台茂店）、點 8 號 DIM SUM 8、
柏克金餐酒集團 Buckskin Beerhouse（南京店）、
石研室（微風南山店）、柚一鍋、GOHAN 御飯食事

圖片提供＿＿直學設計

圖片提供＿＿直學設計、攝影＿＿ WYS PHOTOGRAPHY 廣米食文化

圖片提供＿＿直學設計、攝影＿＿ WYS PHOTOGRAPHY 廣米食文化

圖片提供＿＿直學設計、攝影＿＿ WYS PHOTOGRAPHY 廣米食文化

「GOHAN 御飯食事」宣揚米飯對於餐點的重要性，堅持使用來自家鄉的西螺米，希望顧客來用餐就像回到家一般地放鬆，從識別設計、空間規劃、餐食設計都緊扣核心價值推。

► ► ►

CHAPTER
2

餐飲空間
四大策略設計術

本章針對餐飲空間進行整體規劃分析，並進一步將空間拆解成「搶鏡亮點」、「空間規劃」、「細節體驗」、「再訪消費」四大策略進行說明，由外至內詳解一處兼具功能與美學的良好用餐場所該如何創造？透過豐富的作品照片與平面圖輔助，讓讀者能針對各策略擁有更清楚的設計概念。

Part 1

序曲：搶鏡亮點

在餐飲市場激烈競爭的時代裡，要能夠吸引消費者目光且上門光顧，店鋪的外觀設計佔了重要因素，品牌除了透過設計訴說販售產品，另也可以在外觀中結合招牌形式、呈現方式，甚至是主題牆，讓外觀成為話題，成為另類活招牌。本章節將從「外觀設計」與「入口設計」個別切入說明說明，並以實際餐飲品牌為例，帶領讀者掌握品牌門面的設計要點。

[外 觀 設 計]

外觀設計不僅能傳遞店主希望呈現的形象與概念，同時也是顧客決定是否要走進店裡的重要關鍵，因此除了因應餐廳屬性給予恰如其分的外觀之外，也應從客人的視野角度考量，避免用過於強烈的風格，以免造成品牌與消費者的距離感，令過路客人感到卻步。

設計原則

Ponit 1
餐廳種類與鎖定客群決定主招牌配置

無論是餐飲老品牌或新創品牌，客群鎖定皆牽動著空間的呈現形式，因此品牌要先反過頭檢視上述定位，才能切入門面設計，避免流於阻隔、裝飾用途。如果是鎖定追求 CP 值與出餐效率的客群，其門面穿透性要高，降低與顧客的距離感，更容易吸引過路客；反之，若是訴求低調內斂的高級餐廳，招牌不見得要擺在非常明顯的位置，可以設計在較為不顯眼的角落，搭配微透燈光的做法，帶出店的主軸氛圍。

講求低調內斂的小型料理店或高級餐廳招牌不一定要非常明顯，而是搭配燈光或是大面玻璃帶出店的氛圍。

知名連鎖品牌的餐廳通常是規模大且設計搶眼。

Ponit 2

運用故事主軸延伸立面設計

外觀設計是引發顧客進門的第一目光，用風格決定門面是最直接的方式，但更厲害的是找出店的故事主軸去做延伸，舉例來說，以露營概念為發想的咖哩店，在外觀上就能充分置入與露營相關的元素，如：三角架、帳篷、露營燈，自然就會產生獨特性。

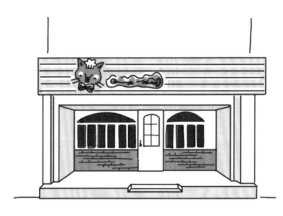

找出店的故事主軸做延伸外觀設計，更能增添餐廳的獨特印象。

Ponit 3

穿透性門面降低距離感

高價位的餐廳在裝潢上相對多給人高級尊貴的感覺，且空間感的營造也是十分重要，店家可利用鏡子、反光材料塑造高級感，同時讓空間擴大；反之規模不大的餐飲空間建議更需要寬敞輕透的外觀，一來可以降低顧客的距離感，再者也能讓空間有開闊放大的效果。另個好處是，多數人還是喜歡有視野的位子，而這些坐在窗邊的顧客，就成了招攬生意最好的活招牌。想要更有特色，大面的玻璃窗景可以藉由綠意引入自然感，或是利用格柵語彙、其他反射材料，製造光影層次，倒映於地面、牆面產生美好的視覺效果。

高價位的餐廳可利用鏡子、反光材料來塑造高級感。

規模不大的餐飲空間以寬敞清透的外觀吸引過路客。

Ponit 4

簡單材質、色調鋪陳創造個性

所謂的個性，並非要多麼華麗或是誇張的造型，許多餐飲空間也許在預算上不是太充裕，這時最快速且最有效率的做法是，用顏色展現特殊性，但同時也要考量周遭環境，過於相近的色調或材質，反而會掩沒存在感，而即便是普通到不行的木頭或是鐵件，透過排列、拼接的差異性，就能創造屬於店家的獨有面貌。

圖片提供_硬是設計

Ponit 5

歷史建築轉化為品牌獨有形象

現在愈來愈多店家喜歡進駐老屋空間，許多餐廳更是偏好此種擁有獨特的歷史特色，將其外觀作為設計時考量的一部分，不僅能讓文化得以傳承，也讓其外觀成為迥然於旁邊其他建築的一個方式。

將老房子作為設計時的一種考量，讓視覺與味覺一起回味以往。

Ponit 6

善用側招或增加立招，吸引路過人潮注目

一般來說，招牌分成正招、側招，有些店家還會有立招，側招和立招的設計，應將人潮從哪邊來納入考量，尤其是單行道的巷子，側招的位置就必須安排在進入巷子的方向，同時招牌設計也應突顯餐廳名。另一種狀況是，如果店家位置太過偏僻或是位在巷子底端，建議側招位置可以高一點、稍微放大尺寸，甚至可以選擇在巷口或是人潮處規劃立招與動線指引，讓路過的人可以很清楚的發現。

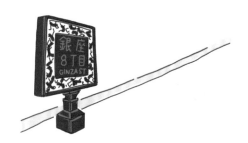

如果位置過於偏僻，或是位於巷尾建議在巷口或人潮處規劃立招與動線指引，讓客人能清楚的發現。

日式餐廳常會以鏽鐵、木頭或是不鏽鋼材質打造，並常選用具手感的布面或是暖簾作為招牌的精神。

Ponit 7
適切選擇招牌材質與輔助燈光

餐廳的外觀材質可以根據餐飲類型以及風格主軸作為設定，一般來說日式餐廳常會以鏽鐵、木頭或是不鏽鋼材質打造，以強調日本文化的內斂與樸質，此外也可以選用具手感的布面或是暖簾作為招牌的精神；而小酒館、義式餐廳等則可以在招牌加入霓虹燈光，讓夜間燈光更明顯，另外甜點店則多會以溫暖的黃光帶出親切溫馨的氛圍；除此之外，招牌的材質也得留意往後是否好維護，以及 2 ～ 3 年後所呈現的效果是否如原先預期。

Ponit 8
LOGO 精簡扼要，掌握核心元素

消費者能藉由外觀 LOGO 大致了解品牌定位與屬性，因此除了品牌名稱之外，業主還須考量哪些元素要濃縮進有限的 LOGO 範圍裡，可以是所販售的產品特徵、特定顏色、字體造型等等，重要的是不要隱含過多暗喻，以免定位不清造成觀者失焦；再者如果是餐飲老字號品牌轉型，建議 LOGO 設計不要過於偏離原有品牌元素，或是從原有主視覺當中提取幾點加以升級，避免原有客群產生疑惑或是，至於新創品牌發揮空間大，設計的加持則首重讓人愈快記憶最好。

圖片提供＿兩個八月

圖片提供＿水相設計

↑↑ 以窗框景，創造觀看與被看

位於深圳南山區海岸城的「客从何处来」是極具代表性的網紅甜品店，有別於多數餐廳臨窗座位最具吸引力的慣性，設計師反將窗的功能拉進室內建築，開出尺度不一如社群媒體的一幕幕框景，形成格放行為表演的聚光燈，藉此突破商場店鋪臨街的缺點，空間反而是鋪陳食境的實驗劇場。

➡ 把中國元素轉譯成更適合當代的審美

全聚德溫哥華店位於北美加拿大地區，利旭恒期望這裡不僅僅只是個全聚德，而是思考如何將全聚德轉化成為一個載體，能將中國文化、美食、藝術及傳統習俗等傳播出去。由於全聚德烤鴨源於紫禁城，因此設計所使用到的素材很多來自故宮，經過提煉後再做簡化，將傳統的中國文化與元素轉化為簡潔時尚更適合當代審美。接待區以故宮藏書閣為主要的視覺形象，書架與櫃台的藍色來自於紫禁城裡的藏書之處文溯閣牌匾上的中國藍，而書架陳列亦是參考了藏書閣的書架與中式博古架的結合。複刻版的全聚德牌匾高掛在端頭，牌匾底下則是規劃了在溫哥華的西餐廳裡常見的玻璃壁爐。

圖片提供＿古魯奇建築諮詢有限公司

↓ 通透視覺提升品牌親切性格

「Shizuku」位於熱鬧的市中心，大片玻璃窗面提供店內氣氛作為溫暖街景，不刻意操弄強烈日本語彙，用日式空間中常見的兩個元素「竹」與「簾」，創造出日本遊子一望即知的故鄉風情。「簾」是日式空間中常見用來彈性隔間的手法，隈研吾將原本單一垂直放置的竹簾，改為曲面圍繞的形式，讓「竹」的柔軟材質，以意象說明於空間之中，並與下方的座位動線隱然呼應。

圖片提供＿隈研吾建築都市設計事務所，攝影＿Jeremy-Bittermann

↓ 延伸視覺深度，創造引人遐想探索的念頭

自地自建的昭日堂刻意退縮數米，確保有足夠的視覺深度來營造神秘感，外觀為清水模灰階打造，五列並行的長窗是包裹洩口，內部隱約晃動的人影與光影交織勾起探索慾望。梯階飾以隱約光帶製造出登高迎賓的氛圍，引人進入想一窺究竟的情緒當中。超過七米高的玻璃燈牆佐以醒目的鍛造店招，點出正面未見的入口位置，枝枒橫陳的五葉老松指向居中三盞火盆裝置與入口，隱性意象之意圖昭然若揭。

圖片提供＿周易設計工作室

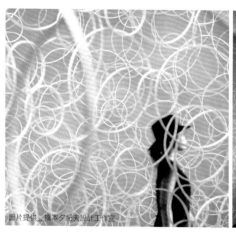

圖片提供＿橋本夕紀夫設計工作室

圖片提供＿橋本夕紀夫設計工作室

善用圓滿意象，打造幸福包圍的感覺

Lounge O 是希爾頓東京灣酒店的嶄新面貌，空間擁有高達八米的巨大落地窗，從窗戶看出去的樹木和藍色天空，透過光的投射自然延伸到窗內，設計師利用俯拾皆是的氣泡圖像，形塑成一處被光與氧氣包圍著的開放式空間，讓初訪的顧客彷彿踏入夢幻的用餐場域裡。

紅銅 LOGO 整合舊鐵花窗，保有老屋建築特色吸目光

毛房蔥柚鍋的建築原始為荒廢已久的連棟式兩層樓形式，從建築立面開始便選擇保留、還原老屋的原貌精神，外觀斑駁的洗石子、花窗重新進行修復，更找來兩扇舊門契合建築的時代感，連領檯也是老屋原始的窗戶拆下打造而成，也由於建築體本身即具話題性與視覺性，因而讓招牌直接懸掛於鐵花窗上，並選用紅銅材質勾勒出斗大的毛字，配上蔥柚造型回應鍋物沾醬特色，就算沒有側招亦可吸引往來行人目光，一方面真正的入口則規劃於隱密內斂的側巷，保有室內用餐區的完整與寬敞，同時搭配電動門採感應進出，降低損壞率。

圖片提供＿木介空間設計

◢ 通透玻璃窗使視野無阻，開放式大門以線板設計強調迎賓感

位於百貨商場內的永心鳳茶微風信義店，門面以沉穩的黑色調性詮釋飲茶的內斂氣質，採用大片的玻璃窗面使內外視野通透，一反傳統茶館的幽深印象，投合當今年輕世代喜愛的明亮風格。為了使大門具備迎賓感，採用了經典優雅的線板設計，並結合發光的招牌字體，在品牌眾多的商場中擁有獨樹一格的大器感，誘引人潮入內體驗不同於以往的飲茶經驗。

圖片提供＿永心鳳茶

圖片提供＿硬是設計

圖片提供＿硬是設計

◣ 燒杉表現沉穩氣息，限縮的窗面視野給出神祕感

在思考品牌空間設計時，最首要的原則是，將品牌的精神貫穿於空間中，以酒吧 DRAFT LAND 為例，其核心精神為「退一步的美好」，為了充分展現此理念，在材料的選用上亦須與之扣合，因而選擇以鍍鋅鋼板取代白鐵、以燒杉取待原木色，以更加沉穩的色調凝鍊氛圍；其中更極致的作法在於觀景窗的設計，一反大面落地窗的明亮，轉而以半牆高且細長的窗面呈現，使行人僅能局部的窺視到店內面貌，提煉出距離的美感。

◣ 賦予品牌地標意義，地面招牌成為有待發掘的驚喜

將 LOGO 置放於地面上，對於國外品牌而言是十分常見的做法，甚而能展現品牌的獨特美學品味，國內的品牌近年來才逐漸嘗試採納這樣的做法，開始能夠意會其中標誌地域的意味，同時也有預埋趣味性的意圖，滿足喜歡在空間中尋找驚喜的人。位於舊振南門前的地面招牌，以金屬材質結合磨石子材質，展現復古輕奢，卻又接地氣的氣息。

◤ 以帝國綠經營法式料理意象

挑食 GIN JIA 的主廚原為法餐背景，由於當時掀起一陣以當地食材表現異國料理的風潮，故其藉由將食材細碎切割的手法，融合製作出美味的法式料理，因而硬是設計提出萬花筒的概念，成為店面設計的概念主軸。其中大門的色彩刻意選擇帝國綠，其具有帝國復興、象徵法蘭西昔日榮光的意義，藉由色彩立即給予消費者關於法蘭西的意象，引導其懷抱享受一頓正統法式餐點的期待。

◤ 保留斑駁樣貌延續老宅情感

隱藏在台中北區小巷內裡的老宅，販售著日式丼飯，店主試圖用美食延續老宅的情感，對此，設計師讓外觀保留歲月的痕跡，外牆立面刷飾藕色防水漆處理，特意未刷飾均勻，些微地透出原始底色，一二樓陽台天花板則是處理漏水問題後，也維持既有略微斑駁的樣貌，加入帶點復古新意的美檜所打造的窗框與大門，呈現新與舊的和諧感。

⬆ 暗色背景凸顯品牌色彩與文字說明

本案為面寬 4 米 7 且內部狹長的格局，加上騎樓地及左右兩側立面皆為淺色系，因此沿用灰黑騎樓顏色，搭配品牌本身亮橘的 IC 識別色凸顯第一印象。此外，2 樓 learning kitchen 是人行及車行時視線會觸及的範圍，故將天頂及牆面全都刷上粉紅橘，既可延續品牌色彩也避免過度視覺刺激。除了一般的正招和側招外，窗邊座位下方還設有小招，點明 2、3 樓有開設學習課程，以吸納不同需求客層。

➡ 以色彩驚艷視覺，藉內縮擴增敞朗尺度

店址位於畸零角且高度較左側大樓為低，因此整體外觀以鮮亮銘黃吸引目光，也藉色彩警示提高區位安全性。將天花橫向延展放大店面氣勢，淺灰底色使建物整體印象不致太過突兀，也讓委外設計的品牌識別圖像得以凸顯。考量基地特性刻意退縮部分面積，既可讓點餐與取餐分流，同時創造出親水平台與候餐區場域，讓空間印象避免壓迫。

［ 入 口 設 計 ］

多數餐廳一進門之後，多是帶位、結帳，甚至是外帶等候區，而小型餐廳的帶位可以簡單並相鄰等候區即可，但假如坪數充裕、空間許可，請盡量將等候區規劃在室內，因為餐廳空間規劃主要以內用客人為主，若沒有適度規劃，排隊等候與外帶區域不只容易造成出入口的不便，甚至也會影響店裡用餐的舒適感受，建議以巧思設計引導動線，改善等候、外帶及內用客人彼此干擾的狀況。

Ponit 1
餐廳屬性影響入場消費模式

內用餐廳的入口就是門面，一般在此即可看出餐廳的定位與價格，高級餐廳在設計上多會運用昂貴材質打造的櫃台提升質感，而設計餐廳則會以特色裝飾表彰餐廳定位，此為入口多為帶位與結帳功能，高級餐廳大部分為桌邊結帳，而一般餐廳結帳則通常設於入口處，需注意櫃台是否有設計放置包包與信用卡簽名的地方。

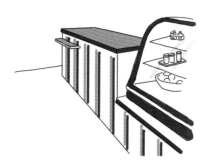

結帳櫃台可貼心增設放置包包與信用卡簽名的地方。

Ponit 2
相異地坪區隔場域

運用地坪相異的材質無形區隔外帶等候與內部用餐場域，讓顧客在無意識中就會將自己的用餐形式分類，不至於互相干擾，並可以在外帶區規劃立桌設計，方便短暫停留的外帶客人可以站或坐的休息等待。

運用地坪相異的材質區隔外帶等候與內部用餐場域，讓顧客在無意識中就會將自己的用餐形式分類。

Ponit 3
結合入口吧檯做設計

除非場地夠大，或是以外帶為主的商店，如果餐飲空間想額外增設外帶區，最好能結合入口區的吧檯來做設計，可以放大吧檯來含括外帶區的需求；另外若是門面夠大，有足夠條件則可以另外思考設計，例如做一個另外開窗的可愛外帶區，另外做成吸睛的端景。

開窗的可愛外帶區，也能成為品牌吸睛端景。

Ponit 4
合併簡易中島，讓外帶展示區等待不無聊

中島廚房與結帳區相連，拉長吧檯長度，有效延伸視覺，營造出大器風範，且將位於結帳區前方的桌椅刻意拉開適當的距離，留出約莫三五人站立也不嫌擠的寬度，從而避免干擾到座位區，加上結帳區旁的櫃體設計外帶展示區，能賦予外帶客人餘裕的等待空間。

攝影＿葉勇宏

Ponit 5
雙入口規劃增加營業效率

一般餐廳多是配置單入口，然而配置雙入口的好處在於品牌能更有效管理人潮動向，工作人員能藉由回字型動線，降低尖峰時刻人潮堵塞門口，造成無法點餐、帶位等作業。

圖片提供＿直學設計

圖片提供__橋本夕紀夫設計工作室

同一條長廊的奇幻冒險

「KURA」與「C：GRILL」均位於大阪康萊德飯店 40 樓，不過 KURA 餐廳主打鐵板燒與壽司的日式料理，C：GRILL 則是以現烤海鮮的西式料理為主題，但是通往兩間不同餐飲內容與型態的餐廳入口，卻刻意設計成只有一條長廊，讓兩間餐廳共用一個走道入口，並將天花板的高度逐漸降低，強調長廊的透視感與遠景效果，形成一個視覺重點，這會醞釀出用餐顧客的好奇心，在慢步經過長廊的過程中，營造出一種逐漸接近非凡體驗過程的期待感。

低調內斂門面烘托質感

此案整體設計採低調內斂手法，營造出「隱藏版的燒肉店」氛圍，與周圍的餐廳區隔，從門面開始便設計出與眾不同的精緻質感，並抬高入口的地面，採半密閉式門面設計，讓人一進門就開始期待與美食來一場美好的相遇。

圖片提供__艾摩傢設計

▶ 迂迴玄關營造神秘氣氛

入口處的牆面以溫暖黃光襯底充滿
活力的招牌，推開玻璃門後還需經
過一道轉折才正式進入空間內部，
不但維持了空間的神祕氛圍，同時
也讓入口處多了一道視覺端景，空
間層次與美感效果都更加提升。

圖片提供＿醒物設計

圖片提供＿直學設計

▲ 鍍鈦金屬成為首發入門亮點

拉開木門，堆疊了無數原木塊的造型牆立刻與外觀方格形成印象勾連，也將日式重視自然、強調原味的精神傳遞出
來。隨即又以鍍鈦金屬接待檯成就創新印象，昭示出牧島的與眾不同，成為內外銜接的門面亮點。

圖片提供＿周易設計工作室

🔺 水墨印象開啟用餐初體驗

店外是商場的公共開放空間，此區域雖不歸屋馬專用，但為了讓用餐體驗從店外就開始醞釀，設計師在鐵件、鐵網內置入稜角分明的灰白咕咾石，從店內大器延伸至店外提升了空間整體感；另外，有著店招的外牆則以橫幅水墨畫的概念為出發點，剖成條狀的原石以燈光帶出岩塊的粗礪，明處與暗處於光影中交互相映，仿若水墨畫當中的「乾濕濃淡」的不同墨色，襯托著「屋馬」店招躍然於前，成為到店的視覺焦點。

圖片提供＿橋本夕紀夫設計工作室

🔺 隨處可見的上升泡泡

位於東京灣希爾頓飯店的「Lounge O」是一間以甜品為銷售主題的餐廳，店名 O 來自縮寫詞 One，也是氧元素符號 O 和法語中的水 Eau，因此店內的設計主視覺也以 O 貫穿全體，從餐檯、雕塑與桌椅，到處充滿著大小不同材質的圓，入口處兩面弧形鑄鐵牆以圈圈交錯構成，宛若不斷上升的泡泡充滿著律動感，開放空間中的視覺重點則是環繞甜品自助吧台的金屬光圈，無論從那個角度都可以馬上捕捉到顧客眼光。

圖片提供＿心潮飯店

↑ 大器門面營造飯店氛圍

位於微風信義商場內的心潮飯店，取名帶有「新炒飯店」的諧音趣味，亦間接表明該品牌的創立宗旨，期望能顛覆眾人對於炒飯店的印象，從空間到餐點都能展現創新的巧思。為了回應品牌名中的「飯店」二字，在思考門面設計時，採用大器的開放式大門，並將接待處置於中央，展現置中的尊貴氛圍，每一位前來的客人都有如等待入住的房客，準備享受一段品嚐「新式炒飯」的旅程。

圖片提供__古魯奇建築諮詢有限公司

圖片提供__古魯奇建築諮詢有限公司

⬆️ 童趣語彙成入口迎賓焦點

利旭恒以蔬菜與水果元素作為「維塔蘭德親子餐廳」的視覺識別形象主體。一棵巨大的西蘭花（青菜花）在入口處以歡迎的姿態迎接到訪的客人，這原本是大多數小朋友最「畏懼」的蔬菜，線條變得柔軟之餘還帶著一顆瞪大的眼珠子，瞬間變得活潑可愛起來，孩童們既不再畏懼害怕也藉此重新認識蔬菜並帶來好印象。穿越白色的鞋櫃與展示架組成的玄關，跨過拱形的門洞就算是正式進入到這個「兒童與父母的樂園」了。

圖片提供＿永心鳳茶

⬆ 賦予門面傳統中藥店意象，濃厚復古形象擷取目光

以推廣台灣茶文化，與給予消費者嶄新飲茶體驗作為品牌核心精神的永心鳳茶，擷取了傳統中藥材行的意象，引用其經典的室內裝飾元素－多格櫃體，作為置放茶葉的收納櫃，除了設置於店內製茶吧台後方以外，將其挪移至門面成為裝飾的一環，亦不失為一種巧思。降低了櫃體的高度，結合了外帶飲品攤販的雨遮元素，吸引商場中的人流前來購買飲品，進而發現內部佔大舒適的飲茶空間，玩味期待落差的驚喜感，也讓門面設計成為無聲卻有效的招攬手法。

圖片提供＿硬是設計

⬅ 以糕餅模具做為門把，深化餅舖印象

舊振南本身為具有 130 年歷史的傳統餅舖，以製作喜餅為營業主軸，經歷世代的轉換，開始欲求往年輕世代尋求認同，因而開始思考店鋪的空間翻新。除此之外，營運的分針也有了轉變，開始拓展伴手禮的市場，而舊振南不同於其他餅舖之處在於，其販售的糕餅內的餡料，亦為親自製作，因此設計師決定賦予其「文化沙龍」的概念，為了增強文化的意象，於出入口的門把上注入巧思，以餅模作為門把，讓消費者在入店之前，便能意會品牌所販售的主力商品。

🏠 具張力與視覺放大的一字接待櫃檯

將近 70 坪的鳳檟二義式 · 鍋物語，以內用客人為主，入口櫃檯選擇規劃於空間中心，讓兩側座位區的客人都能以最短距離走去結帳，加上出入口預留近 100 公分的走道尺度，也能避免造成擁擠，而代表門面的入口則利用極具張力的一字形接待櫃檯鋪陳，搭配講究垂直水平對稱的線條語彙展現大器姿態，綠色藝術板波、招牌延伸自品牌識別色，另外像是招牌邊框以金屬光澤呈現，櫃檯立面局部使用咖啡色鐵件增加層次，同時提升精緻質感，回應餐廳的定位與價格。

圖片提供＿力口建築

🔼 活動式門面呼應小吃攤靈活特質

利用滑軌創造出活動式門面；一來可以呼應小吃攤簡易快速且靈活多變的特質，二來在做環境衛生的管理時，攤車可以外推至騎樓以增加清潔時的轉圜距離，避免縫隙掃除不到的困擾。當門片圈圍起來時，又能減少冷氣外洩，讓工作人員無需在露天的環境，忍受外部汽機車煙塵和晴雨、冷熱等天候變化，商品品質與工作效率自然更加提升。

➡️ 實木窗框傳遞自然溫馨氛圍

皿富器食意指「名副其實」，器皿盛裝豐富美味的食物，讓顧客有著最原始的期待，因此空間本質上，從外觀開始即透過質樸的材質作為表現，大門、窗戶皆選用實木窗框傳遞溫潤手作感，配上舒服的白色基調，入口一盞可愛小巧的招牌燈光點綴，歡迎著人們的到來；另外，水泥粉光地坪與戶外院子材料做出區隔與動線引導，並嵌入黃銅品牌LOGO，加深顧客對品牌的印象，推窗則有助於空氣的對流。

圖片提供＿大見室所

Part 2

鋪陳：空間規劃

一間餐廳的用餐區域，維繫著整間餐廳的運作、動線等，甚至影響服務是否能到位？本章節將從「動線設計」、「座位區設計」與「廚房內場設計」切入討論，端看整體設計如何兼具美觀與實用，展現設計師的驚人創意。

[動 線 設 計]

一間餐廳的動線，維繫著整間餐廳的運作，本節將從餐飲空間的動線設計切入，端看設計師如何規劃出兼具點餐、出餐等實務作業與美觀細節的驚人創意。

設計原則

Ponit 1
餐廳動線規劃宜採樹枝狀發展

所謂樹枝狀的動線規劃，簡單說就是將用餐區的所有動線分層級做出主副動線。主動線需便利通達各區域，各分區內再依座位分佈安排次動線與末梢動線，主動線最寬且長，建議須有 150 公分以上寬度，各區內的次動線則約 135 ～ 150 公分，末梢動線及座位週邊也不得低於 120 公分。

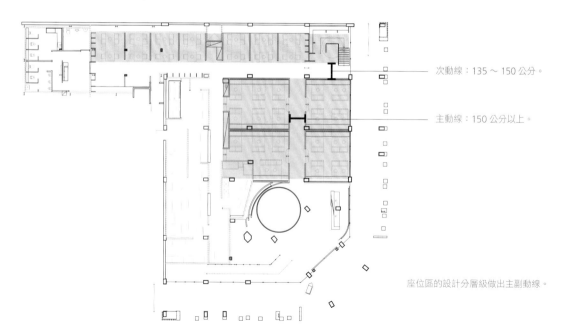

次動線：135 ～ 150 公分。

主動線：150 公分以上。

座位區的設計分層級做出主副動線。

Ponit 2

動線順暢增加服務品質及轉客率

客人拉椅入座需要走道、服務生上菜擺盤也需要走道，走道是座椅尺寸之外另一個設計師與業主必須謹慎考慮的空間，一般客人入座長度（椅深 36 ～ 40 公分＋膝蓋）約 40 ～ 50 公分，離開位置的長度（站起後推開椅子）則需增加 15 ～ 20 公分，即 55 ～ 70 公分。入座後椅背與鄰桌椅之間至少應相隔 46 公分以方便他人或服務生走動，若服務生需要使用推車時，更應該增加至 120 ～ 140 公分。而自助式餐廳由於客人出入頻率高，因此顧客進出桌椅之間的寬度應保持在 90 ～ 140 公分之間較為方便。

總之，動線設計應該考慮可人與服務生的路徑，兩者之間應該保持距離，減少相互碰撞的機會，尤其是客人與客人之間（A 點），服務生出菜／收拾的出入口（B 點），或客人前往洗手間的路段（C 點），都是設計時應該優先考慮的動線重點。

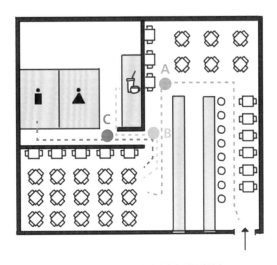

ABC 三點為客人與服務生動線會有牴觸的地方。

Ponit 3

外帶等候動線與內用動線明顯區隔

大部分的點餐櫃檯兼具接待和結帳的功能，因此位置通常設在較靠近出入口處，為了避免外帶以及等候的客人阻擋內用顧客的進出，可將取餐位置分開或是擴大結帳區的空間，紓解結帳區的擁擠。其中入口區的安排也要視餐廳規模來評估，大型連鎖餐廳講求效率，需要快速消化大量人潮，必須將點餐區和取餐區位置距離拉開，以保持點餐動線的流暢，而小型餐館人潮相對較少，在不影響到主動線的原則下可以在鄰近櫃檯的地方安排外帶等候區。

120 公分

座位區與等待區之間至少要保持約 120 公分的距離，確保彼此動作不相互干擾。

⬆⬇ 動線配置納入在地用餐的習慣

由於全聚德溫哥華店座落於北美加拿大地區，為顧及當地用餐的習慣，雖然說空間設計是以中式的視覺表現為主，但其行走、使用動線則是西式的，入口右邊配置的是餐廳的酒吧區，左邊則是用餐區，這樣的配置為的就是要貼近在地客用餐的習慣，既可以在飯前來點餐前酒，或是也能在餐後小酌一番，抑或是能同時引進不同餐飲客群，讓人流動線能各自分散而不會造成用餐、飲酒上的影響。

回字動線的效率串連

將空間劃分為包廂、卡座、小圓桌、酒吧等區塊,各區域特色分明,並利用黑紗屏門做彈性隔間,滿足客人的隱私需求。動線上,借鏡西式餐廳常見的「回字型」設計,使服務可以更有效率地進行。

圖片提供__石坊空間設計研究

甜品自助吧台的另外意義

Lounge O 位於大廳的開放空間,被大型圓形雕塑環繞的甜品自助吧台成為整體空間設計的中心跟重心,也是整個餐飲空間的視覺焦點。確立這樣的設計概念是為了因應開放空間的設置,萬一日後座位區有所變動,無論如何調整區塊,也不會讓 Lounge O 的設計重點與餐廳識別因為變動而崩壞消失。甜品自助吧台附近使用圓形桌椅錯落擺放,桌上的小白圓圈讓設計的概念更加延伸。

圖片提供__橋本夕紀夫設計工作室

圖片提供＿＿隈研吾建築都市設計事務所、攝影＿Jeremy-Bittermann

◀ 層層揭開期待之旅

從餐廳的大面窗景往內看，做為店內視覺重點的竹簾彷彿引導著視線進行一場探索之旅，當視線游至吧台後方壁面，精心陳設的日式盤皿躍然於眼前，彷彿正在列隊歡迎貴客光臨，從這些陳列的食器的種類點出料理的重心，也形成一種劇場屏幕效果，彷彿開演前一層層揭開的劇幕，令人期待接下來要上演的好戲，創造出以簾為幕的視感層次之美，營造出優雅與放鬆的美學氛圍。

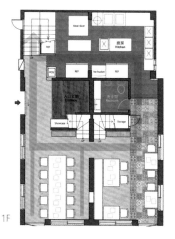

1F

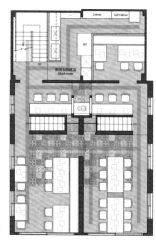

2F

圖片提供＿＿木介空間設計

▶ 動線分流設計，出餐、結帳不打結

由於毛房蔥柚鍋屬於老屋建築，原始樓梯略窄且陡，為考量安全與舒適性，另新設一支可同時讓兩人錯身而過的樓梯，另外，1樓廚房採用口字型動線，一邊出餐、一邊結帳，讓動線可以達到分流不打結，2樓由於以出餐為主，加上評估投報率與座位數等原因，採單一出入動線，其餘坪效則用來規劃包廂區，而桌距之間也特別稍微拉寬比例，服務生往來出餐、收桌與客人之間亦可保持寬敞的行走間距。

圖片提供__周易設計工作室

柳暗花明引入沁涼

入室動線刻意迂迴低調，技巧引用東方園林的收束、舒放、幽微、轉折、借景等手法，撩撥著訪客們充滿驚喜到最終柳暗花明的心情。建築物環抱的天井設計，安置著抿石子砌作的無邊際水池，池中兩座浮島植栽挺拔大樹，為上下兩層樓的客座窗景提供寫意場景。水池左側的水幕牆帶來沁涼意象，底部一列聚焦式光源映照水珠流洩，讓水牆日夜轉換不同風貌，感受時間流淌的自在。

廚房、消費動線分流化，提升服務品質

中大型餐飲空間的動線規劃更需格外留意，鳳樆二義式 · 鍋物語客座席多，設計團隊將廚房、消費動線做出分流概念，廚房區域採「日」字型動線規劃，以流暢的出、回餐動線設定，避免服務人員進出互相受到干擾，一進一出的雙動線設計也可提升效率，另一方面則是讓洗手間動線獨立區隔開來，避開服務人員與顧客動線交錯的可能性，從貼心的細節打造服務品質。

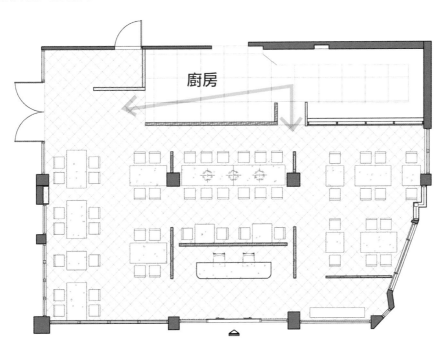

廚房

圖片提供__木介空間設計

▨ 以中島順暢動線、簡化設備規劃

2 樓的 learning kitchen 以輕食教學為主，除了利用中島使動線順暢、座位容量最大化外，還透過兩兩一組為單位規劃排煙跟插座的位置，且每個座位設有活動抽板置物，檯面下方則以門櫃收納上課時所需的廚房用品。此外，考量油煙抽出時會形成風壓，所以在窗戶上緣刻意設計了格柵讓新鮮的空氣能送進來，以達到循環跟減壓目的。檯面材質則選用美耐板，達到清理方便和耐磨耐刮的需求。

▨ 弧線語彙設計，對應客群的柔美溫和氛圍

從消費市場趨勢為判斷，「她經濟」的時代來臨，在以女性用餐為經營主方針的脈絡下，設計團隊從女性視角切入打造鳳槤二品牌，女性特有柔美、具包容力的 smooth 特質，開啟了以「弧」為主要設計元素，結帳櫃檯弧與弧巧妙結合，修飾銳利邊角，溫和圓潤；四周隔屏運用方格玻璃，光線穿透折射產生水晶閃爍效果，透光不透視增加隱蔽感，也確保收銀安全，另外像是飲料吧檯也透過歐式拱門造型增添浪漫氣息。

圖片提供＿永心鳳茶

⬆ 飲品製作吧檯結合結帳區，有效整合人員工作區域

結帳區的位置會影響店面的整體動線，而其設置應依據服務方式來決定，若想節省人力的配置，可以將其與接待區合併。永心鳳茶將結帳區、接待區以及飲品製作的吧檯結合在一起，此配置使人員得以整合在同一區域，無須分散在各處導致工作分配過於僵化。此外，也可釋出更多的店面空間給座位的配置，增加店內的容客量。唯一需要注意的細節在於，單門開放的吧檯設計，須配合客人自助拿取餐點的服務流程，以免送餐的行為擾亂了整體動線。

圖片提供＿心潮飯店

⬅ 線性暈染的照明扣合新潮意象，獨立吧檯營造浪漫酒吧氛圍

在思考內部照明設計時，希望能展現新意與時尚感，因此一反普遍的點狀式照明手法，改以燈條表現線性光源，與壁面的金屬線條產生呼應的妙趣。由於為間接照明，因此燈光具有暈染的效果，使空間得以保持適度的昏暗，提煉浪漫愜意的氛圍。將製作飲品與調酒的吧台特別獨立出來，並設置了吧台座位，提供單純想要小酌的消費者也能入座享受。

圖片提供__古魯奇建築諮詢有限公司

圖片提供__古魯奇建築諮詢有限公司

🔼 將廚房盡可能收在後台，讓外場動線更單純

過去餐廳常見的開放式廚房在維塔蘭德親子餐廳幾乎看不到，原因在於利旭恒考量親子餐廳對於安全的重視性，便嘗試將廚房收於後台，讓外場動線更為單純，如此一來服務人員在帶位、點餐、出餐送菜時能更專注在是否流暢，再者也不用擔心相關油煙會散入室內，影響顧客的健康。另外也特別設立適合孩童身高尺度使用的洗手檯，多一分貼心也加深消費者對品牌的好感度。

圖片提供＿力口建築

↑ 動線分流有助提升販售效率

品牌方本身就是健康飲食、學習課程、書籍出版一條龍規劃，為符合多重需求將櫃台向內挪移；如此一來，點餐檯前的明堂可容納排隊人潮避免擁塞，又能利用左側牆面展示出版書籍，提升消費者健康知識。右側動線販售開架商品，同時利用棧板堆疊展示平台，以呼應牆面海報說明。布簾後方設有小廚房，讓需要再加工的程序能夠在此處完成，也確保櫃檯工作流程便捷與販售時的俐落感。

圖片提供＿力口建築

◤ 順應消費模式分隔冷藏櫃區位

為了增加消費者停留時間，玻璃窗前規劃了檯面與高腳椅供顧客暫歇與用餐，同時搭配嵌燈投射增強吸客效應。由於櫃台正面有電子看板與收銀機，因此搭配非開放式的點心櫃，讓需要思考的顧客有餘裕迴旋，也使點餐區塊保持清爽。側邊則採用開放式自取櫃，恰可與幅寬 65 公分的取餐櫃檯形成連動，不論是後續包裝或是增購開架貨品，都能加速進行結帳流程。

包廂採用彈性隔間方式，針對不同的訂位需求，透過拉門可安排為兩間獨立包廂或兩桌打通的大包廂。

由於為兩間透天建築打通，因此內場另有一個梯間做為內部動線，方便工作人員上下樓移動。

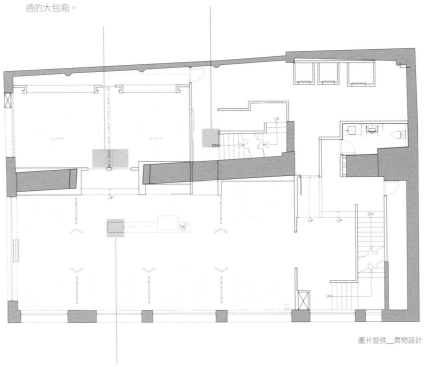

將以往做為附屬工作區的醬料檯，安排在空間主要動線焦點位置，並搭配燈光設計，既有人與人不經意互動的趣味，也有置身舞台中央的體驗。

🔺 明亮開放與隱私獨立兼有的座位思考

鍋物店受限於在座位烹調的特性，桌位的移動彈性低，因此在一開始佈局空間時，就必須針對客群規劃有調整彈性的座位組合。青花驕中山店為兩棟透天打通的長型三層樓空間，由於面臨中山北路綠蔭，因此大面開窗引入自然採光與綠意樹景，三樓座位區更加大走道空間與桌位間距，藉由框架結合矮櫃燈具的適時介入，讓聚會型的用餐體驗更私密舒適。此外也規劃了兩桌圓桌式座位，預留拉門可隨客數調整包廂大小，也可全部敞開。

圖片提供＿齊物設計

兼有家庭商務聚餐客群，規劃多樣性組合桌位

品牌的個性要延續在各個分店，也須根據地域文化及客層因地制宜。青花驕板橋店兼具都會商務聚餐及社區家庭聚會兩種客群，因此在入口設置了品牌研發的啤酒吧，座位區則以廣場和巷弄概念發展，黑白灰主色搭配青綠色點綴，框架與矮櫃組合不變，但於相對寬敞開闊的廣場區，以 6 人桌為主，4 人桌為輔，中央相臨的 4 人桌也能併為 8 人；相對較緊密的巷弄區以 4 人桌為主，輔以 2 人桌作為彈性調配。

以巷弄曲徑通幽概念設計的區域，框架圍塑一個個隔而不絕的小空間，營造類包廂的使用體驗。2 人桌中間加入活動桌板，就能作為 6 人桌使用。

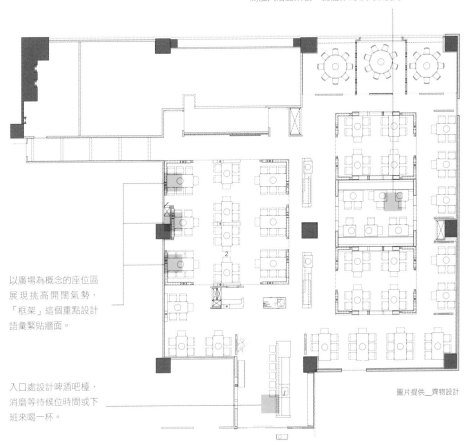

以廣場為概念的座位區展現挑高開闊氣勢，「框架」這個重點設計語彙緊貼牆面。

入口處設計啤酒吧檯，消磨等待候位時間或下班來喝一杯。

圖片提供＿齊物設計

［ 座位區設計 ］

一般而言餐廳大小約佔整體坪數的 50 ～ 70%，裡面除了座椅與走道外，還包括櫃台（或服務台）、吧檯、廁所等，就經營者的商業角度而言，當然希望所有的空間都能排上桌椅，供應更多客人，但從美觀與營造氣氛而言，裝潢與陳設佈置實屬必要，因此因應餐廳種類與客人類型調整座位區，就是設計師需站在業主顧客設計三方加以思考的要項。

設計原則

Ponit 1
拿捏用餐區桌距，營造舒適感受

舒適的環境是吸引消費者光顧的條件之一，而老店轉型一大原因在於想捨棄過往擁擠吵雜的用餐環境，因此在座位配置上，從形式、數量到擺放位置，在在牽動著給消費者的用餐體驗。《餐飲開店。體驗設計學》一書建議，2 ～ 4 人是一般來客最集中的人數，因此店家可將 2 人桌與 4 人桌通常會配置在前段，一方面讓過路客感覺整家店始終客滿，具有高人氣的暗示，再者也方便員工快速帶位，而對於講求寬敞感的席數規劃，有個公式可做參考，即是「店鋪坪數 x1= 座位數量」，而隨著相乘的數值愈高，店內席數也會愈密集。

座 位 席 數 規 劃 參 考		
一般	店內部坪數×1.3	如店內20坪×1.3，約為26個座位
寬敞感	店內部坪數×1	如店內20坪×1，約為20個座位
熱鬧感	店內部坪數×1.5	如店內20坪×1.5，約為30個座位
翻桌快	店內部坪數×2	如店內20坪×2，約為40個座位

資料來源__《餐飲開店。體驗設計學》

Ponit 2
從餐廳種類了解座位大小

設計師在規劃座位區時，應先理解主要顧客對象是成人或兒童、男性居多或是多為女性，因為不同體型的客人對於座椅的感受不同。為了能滿足顧客的舒適感，一般成人需要的空間約是 1.11 平方公尺，兒童則是 0.74 平方公尺，並可依據顧客不會受感擁擠不便的狀態下

做調整。此外也可以從不同的供餐型態來考量桌上面積的大小：自助式餐廳多由客人自行取餐，因此用餐空間需較大，並方便客人進出；而有服務生的餐廳則多會在固定的座位由服務生上菜、收拾，客人所需面積就可減少。

Ponit 3

桌椅高度契合人體工學

用餐時為求舒適，餐桌的高度約 65 ～ 70 公分，成人椅子高度約 40 ～ 45 公分（幼兒椅子高度約 50 ～ 55 公分），深度約 36 ～ 40 公分，寬度約 43 ～ 60 公分，桌底與坐墊高度相距約 30 公分（幼兒約 23 公分）較無壓迫感；吧檯的桌椅則較高，高約 76 ～ 91 公分，椅高約 45 ～ 76 公分，深度約 36 公分，踩腳高度約 23 公分，每個座位寬約 36 ～ 46 公分；沙發區如果桌子靠牆，長度則不宜過長，讓服務生能方便上菜，長度一般約 120 公分，椅深約 46 公分。

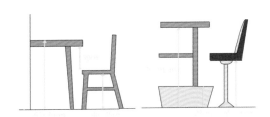

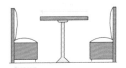

Ponit 4

依想看到的風景規劃座位區

如何配置座位區呢？除了依據餐廳坪數抓出適合的座位數外，更重要的是位置該如何安排？其中一大原則就是依據想讓客人看見的風景來安排位置，例如希望能望見造型光鮮的吧台區、賞心悅目的窗景庭園，或是主題是的裝飾牆、藝術設置等等，當每個位置都能有位客人設定的專屬風景，自然能營造出最好的用餐氣氛。另外也可依循周圍環境的畫面做安排，還可以利用高低差來創造不同的視野感受。

例如：高吧台區、餐桌區與沙發區透過傢俱的高度就可以呈現出更多層次的觀點與不同感覺。另外也可以利用地板的高低差，如將某區塊的地板架高設計，再擺放造型感較強的桌椅，也可以營造不同氛圍的用餐區，亦可當作舉辦活動時的舞台區。

入口處設計啤酒吧檯，消磨等待候位時間或下班來喝一杯。

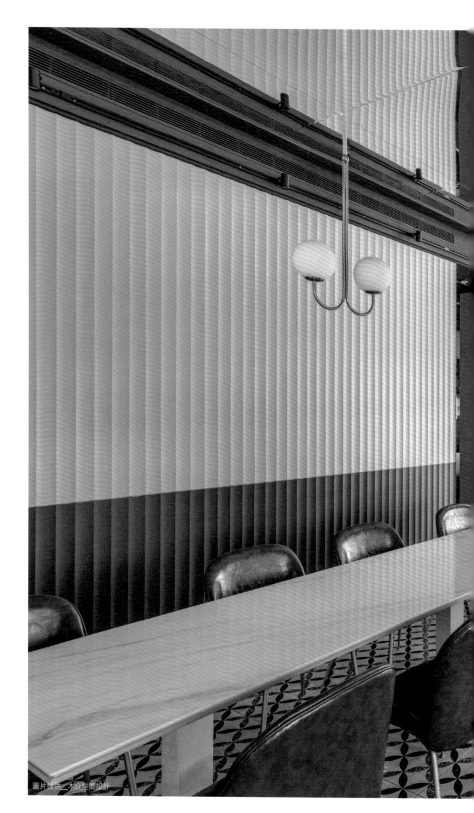

▶彈性擴設、移動客席,從2人到家庭聚餐都滿足

屬於中大型餐飲空間的家庭聚餐客群多,因此在客席座位的安排上,都是利用活動式桌椅的配置,加上自然以柱體劃分的一區區座位,無須實際的隔屏就能巧妙界定出隱性包廂感,一方面鳳樓二訴求多樣性的餐點,除了簡餐,數種火鍋湯頭可選擇,就算一週用餐3～4次也不會膩。

圖片提供_木介空間設計

圖片提供＿伊國設計

⬆ 高腳桌椅活絡酒吧印象

從室外延伸至高腳桌區的天花，刻意用紅酒箱壓低至
2.5 公尺的高度，以挑高放大中後段空間感受，高腳
桌椅不僅有助順化動線，也突顯了酒吧印象。牆面以
常玉風格的仕女圖妝點，也替西式風味較濃的區段調
和些許東方情調。

➡ 以 Street Art 訂做卡座沙龍

用餐區有不同座位形式供選擇，可以兩人對座或四人
相聚，內部還有卡座小包廂，讓三五好友可一同坐在
迷你藝術沙龍裡，舒適愜意地享受被當代藝術創作包
圍的美味時光。

圖片提供＿ A Work Of Substance、攝影＿ Nathaniel McMahon

◀ 老派座位形式，烘托品牌台式精神

入口利用類似台灣傳統磨石建材的羅馬崗石菱格拼接，希望從空間設計呼應廚師台式精神結合西方烹調手法的料理。座位呈二字型並列，球狀燈具的秩序感與手繪鏡面的隨興相映，讓一條走道能同時演繹出兩種風情。

圖片提供＿齊物設計

🔼 安排高低層次創造最佳視野

為了讓空間內各個區域的觀眾，都能舒適地觀賞到舞台上的演出，甘泰來特別以架高地坪處理，讓距離舞台較遠的區域也能享有最佳視野，而空間中的層次感也因此呈現井然有序的變化。

圖片提供＿古魯奇建築諮詢（北京）有限公司

圖片提供＿古魯奇建築諮詢（北京）有限公司

← 結合中日文化的用餐空間

公共用餐區呈現 L 型，兩側以中日技術打造的
木格牆，增添視覺的延伸感。而用餐區的正上
方，也有專為餐廳所設計的半月形吊燈，象徵
著中國江南水鄉的傳統小船，小船吊燈於天花
板晃動，形成一幅特殊風情。

↑ 圍坐竹林間的閒情雅致

由於餐廳主要客群為 70 ～ 80 後的高端消費群，
因此餐廳中除了大大小小的包廂之外，還有一片
如同竹林般的卡座區，透過深淺不一、彎曲木條
組成的半圍合形式，形成了半開放式包廂，使整
個空間更有節奏感和通透感。

圖片提供＿橋本夕紀夫設計工作室

▶ 隨意自在與低調私密相鄰而居

C：Grill 餐廳的座位配置採用錯落的隨機感與分區隔間，加上位於 40 樓的無敵高空風景，形成一種悠遊的律動感，彷若倘佯在海洋的遼闊感之中，帶給客人充滿戲劇性的用餐體驗，分區隔斷的牆面用一種不連續的方式出現又消失，形成一種意外的驚喜感。每個分區都有專屬的鐵板料理餐檯，廚師在各自專屬的餐檯上切片、煎炸和燒烤，讓顧客保有強烈的私密性。

圖片提供＿直學設計

◥ 座位鋪陳共構舒適大器

以挑高和大片落地窗打造氣派質感，並採黑色為底再融入深灰與紅銅金元素，藉此具體呈現「火光中的盛情款待」服務意象。桌面尺寸為 90*145 公分，走道也預留 90～120 公分，希望透過寬鬆距離提升用餐舒適度。

◥ 重現古代文人雅士的生活情境

從古代文人雅士圍繞曲水而聚，吟唱絕代風華的情境為靈感，進入餐廳首先映入眼簾的是層層山脊疊加空間，山的外圍則是現代演繹的曲水流觴，就如《富春山居圖》裡人坐在山中，臥於水旁，望著層層疊疊的山水，簡約內斂的座位規劃，將古老文化賦予現代詮釋，期待引起人們用餐的詩意聯想與體驗。

圖片提供＿古魯奇建築諮詢（北京）有限公司

圖片提供＿長景國際設計有限公司

◤ 圓桌創造圓滿團聚氛圍

為了回歸「團聚」的用餐情感，本案不同於時下涮涮鍋店，為提高空間座位數所偏好採用方桌或長桌的設計，而是特別採用圓桌，由包廂向外擴散同心圓的空間層次，營造出優雅的韻律感。

◣ 精彩立面引人轉移目光焦點

2 樓客席區的左右側牆利用該餐廳汰換的舊鍋具，構成別具意義的裝飾造型。另外由於廚房設置在 2 樓，客席區較小，因此刻意將大型書法放在走道盡頭的牆面，吸引人將焦點放在遠方，淡化這裡空間比樓下小的感覺。

圖片提供＿周易設計工作室

⬆ 始與終的區位安排

燈圈用支架浮凸於沖孔板之上，因設置區位與左右兩側廊道相銜，既成為回應割烹
區枯山水底部端景，又成為進入用餐區的導引裝飾。這既是終點也是起點的安排，
亦巧妙勾勒「人攀明月不可得，月行卻與人相隨」的生動想像。

圖片提供＿艾摩懍設計

圖片提供＿長景國際設計有限公司

◤「盒中盒」概念的包廂設計

餐廳包廂以「盒中盒」概念呈現，像是細胞中的細胞核想法，提供獨立且不受打擾的聚會場所。因此空間採木格板及拓岩板營造如英式般的高級用餐氛圍外，在黑鏡後面則隱藏一座50多吋的液晶電視供使用，旁邊還架設洗手間顯示燈，方便客人確認洗手間是否有人。

圖片提供＿古魯奇建築諮詢（北京）有限公司

◤ 格柵搭配拉門創造彈性包廂

用餐區的弧形格柵，除了具有區隔座位的作用之外，設計者更結合彈性拉門設計，可進一步將用餐區分為兩個獨立包廂，無包廂需求時則可開放提供散客使用，為空間創造了最大效益。

◤ 蠶絲拉簾創造靈活彈性隔間

占地300平方公尺的餐廳中心，設計師放置可供40人聚餐的大長桌，背後是兩條主要的動線通道，對於使用長桌的散客會形成極大的干擾。因此，設計師以蠶絲簾幕作為彈性隔間手法，當散客使用長桌時，放下簾幕可靈活形成2、4、6、8、10、14、16人的餐位，也能有效降低周遭人流的干擾。

圖片提供＿心潮飯店

⬆ 中央位置配置 U 型卡座，環形桌椅靈活座位數

店內空間仰賴桌椅的配置，實現了環形動線的理想，首先入口左方的中央位置設置了無法搬動的卡座桌椅，並以 U 型結構活化能入座的人數，最多能容納近 8 人。靠近對外窗的走道則以可挪動的正方形桌面配置 2 ～ 4 人桌，若有併桌的需求亦可達成。包廂區則設計於入口處的右方，區域劃分清晰有利於工作人員帶位，亦可避免不同區域的客人於單一動線中行走受阻。最後，靠近廚房的末端開設了小型的出入口，使工作人員可從此出入口配送戶外區的餐點，亦可成為餐盤回收的行走路線。

圖片提供＿永心鳳茶

⬆ 不規則格局須重視中央座位的靈活度，善用壁面整合桌椅

由於商場內的格局不一定會是方正的，若被分配到狹長且具有圓弧曲面的空間，如何擺設桌椅讓容客數能達到最恰當的數量便十分重要。永心鳳茶南西店便面臨了這樣的課題，因此設計師善用壁面的卡座設計，一方面節省了桌椅放置的空間，同時也釋出了中央走道空間，因而在中央較為寬敞之處，若擺放可移動式的桌椅，便可保持座位數的靈活度，如此一來也能最大程度的提升坪效。

➡ 包廂式座位滿足現今社交需求，加長座椅可容納多人

餐飲空間可謂是現今最為重要的聚會場所之一，無論是節慶與否，為了滿足此需求，包廂式的座位設計再次躍升為許多餐飲空間在思考座位配置時的首選。而不同於過往的是，由於開放式空間的敞亮氛圍亦是當今的趨勢，因此永心鳳茶打破了傳統隔間式的包廂設計，轉而以半開放式的設計來呈現。此外，為了讓包廂內的座位數能突破 4 人的限制，刻意加長了座椅的長度，使其具有能包容 4 ～ 8 人的彈性。

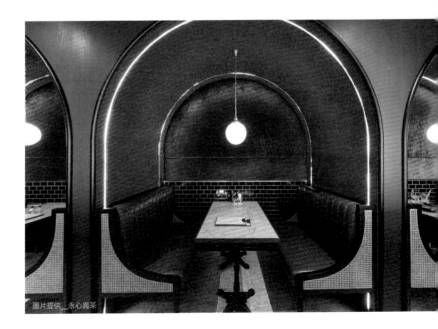

圖片提供＿永心鳳茶

圖片提供＿梗是設計

⬆ 預留寬敞走道空間，善用壁面整合座位

舊振南餅店的店面內，有提供下午茶的餐飲空間，消費者可在舒適的環境中享受漢餅的美味，並體會「依節氣、食當令」的歲食文化的重要性。在思考店面座位設計時，希望能保有寬敞大器之感，因而於走道的預留了偌大的空間，桌與桌之間的距離並不擁擠，使消費者能從容的離座與入座。於壁面設計了一整排的卡座沙發椅，延伸的椅面提供了更加靈活的座位數，同時得以釋出更多的空間給行走動線。

圖片提供＿木介空間設計

⬛ 提高 4 人座比例，搭配大中島彈性調整人數組合

相較其他餐飲能靈活以併桌解決座位問題，鍋物的桌面必須都有電磁爐設備，因此設計團隊利用 H 鋼構隱藏電線，在桌子受限無法移動的情況下，更得針對不同的用餐人數組合分配座位數，設計團隊從台灣聚餐人口結構來看，最終決定以 4 人座、2 人座為主要配比，少量的 6 人座與包廂則提供家庭式使用，1 樓的 8 人座大中島，則是可適時搭配 2～4 人或是 2 人與 6 人的彈性配置。

圖片提供__木介空間設計

◥4 人桌為主、拉大走道尺度，行進路徑更舒適方便

餐廳位於住宅區域，多半是家庭聚會客群為主，因而在座位數的配置上以 4 人桌為主、2 人桌為輔，結合可彈性移動的活動式桌椅，可針對不同客席需求調整，除此之外，由於餐點包含鍋物，選擇卡式爐的用餐形式，一方面就得衡量服務生必須推著餐車上菜、收拾的走道空間，因此鳳榤二走道約莫增加至 140 公分左右，就算顧客與服務生錯身而過也還能保持些許距離，避免過於壓迫。

圖片提供__周易設計工作室

◥水火波光交映的虛實之間

屋馬燒肉用餐區除了有兩兩對坐的卡座，還有包廂與長桌的形式，空間感從開放逐漸轉為封閉，透過天花或牆面來界定不同區塊。正中間是高架基座的無邊際景池，池中燈光、活水波光與上方陣列燈海交織，映照出空間的遼闊感，後方的屏風壁爐火光搖曳，更營造出水火同台競豔的戲劇張力。背景鐵件交構的方格間，不同向性堆疊的老木頭做為包廂隔斷材料，將所有的點單設備，甚至是垃圾遞口全數整合，讓檯面長保清爽。

◥ 減少座位數營造不壓迫的用餐空間

以不同用餐族群思考規劃出可彈性調整的座位，合併的 2 人餐桌可容納 4 ～ 6 人的家庭及朋友聚餐，分開餐桌則能提供基本 1 ～ 2 人的座位；座位設定數量比空間可容納的數量少，目的是留出較為寬敞的尺度，以確保空間的舒適度，及營造成有學齡前小孩的家庭能推娃娃車進來的友善空間。

圖片提供＿潘子皓設計

圖片提供＿艾摩檬設計

⬆ 中島備餐檯區成為視覺焦點

整個空間分為包廂區、公共用餐區兩大區塊，其中公共用餐
區以中島備餐檯搭配酒杯展示架吊燈做為視覺焦點；同時也
提供服務人員中繼檯面。地坪以仿大理石磁磚與斜拼木地板
組成，利用材質差異將服務人員與客人的動線做區分。

◤ 地坪反差界定空間展現獨特性

與 4 人座區相鄰的 2 人座，地坪界定設計令人為之驚豔，深木色與水泥做出如織毯般的感覺，粗獷中流露細膩的變化，同時也考驗設計者對於工法的了解。左側牆面則是淺色木板利用香蕉水、鋼刷等工序製造出斑駁效果，看似簡單的材料卻富含豐富表情。

◢ 活動桌椅與明亮採光，感受悠閒戶外午茶氛圍

單面採光的空間利用落地玻璃門，讓半戶外座位區可以感受到自然光的灑落，桌椅以淺木色和白灰色調呈現，延續空間日式簡約的調性，活動式的桌椅設計能依需求靈活調整座位。

圖片提供＿蟲點子創意設計＋室內設計工作室

⬆ 適當座位數保留空間開闊感

一開始即希望保留空間的開闊感，因此在面公園處以二片落地窗讓空間向外延伸強調寬闊感受。為了不過於擁擠，座位利用 4 人及雙人座方便店家隨時做調整，滿足不同型態客人需求，除了少數訂製的木桌，桌椅多是二手或老件，隨興不成套互相搭配，非但不顯混亂反而增添趣味與視覺變化。

⬆ 以地區消費族群安排座區形式

消費者假使以學生及當地居民為主，座位區即以滿足多種形式的消費族群做設計考量；吧檯區可接待獨自前來品味咖啡的人，高腳 2 人座區及 3 ～ 4 人座區則適合附近居民三五好友聊天，利用架高地坪劃分出多人座區，可提供開放而獨立的聚會場域。

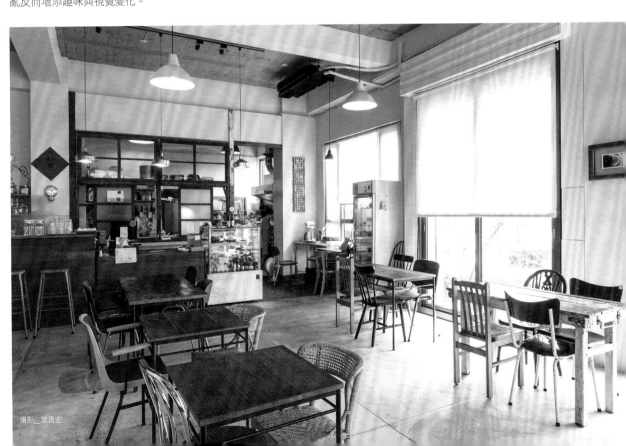

攝影＿葉勇宏

攝影＿葉勇宏

打造如家中的閒適角落

店主希望保有一個能對外開放的地方，因此規劃以玻璃為隔間的半對外開放空間。考量到向外視線不被阻隔的情形下，內部桌子的高度都較低，並運用沙發單椅或布椅打造宛如居家的空間氛圍。

圖片提供＿智澤設計

結合裝置藝術概念，創造空間吸睛焦點

因應團客需求，餐廳在靠外牆位置設置大長桌，位置打斜安排與其餘座位略做區隔，長木桌延伸至玻璃牆外融入前庭設計，在凸出的桌面亦安排座位做為待客區，營造室內外共桌的意趣，也藉此特殊設計創造話題，加強客人有「就是桌子穿出玻璃牆的那家餐廳」的強烈印象。

圖片提供__芽米空間設計

◤ 包廂吧檯攬進城市風景

餐廳沿靠窗區規劃整排吧檯座位，採用加大窗戶尺寸攬進城市風景，且貼心配置風琴簾調節採光，營造舒適的用餐體驗；一旁則規劃開放式包廂區，以灰色沙發搭配綠色牆面，形成鮮活的空間色彩，並懸掛鐵件吊燈建構空中焦點。

◢ 頗富異趣的連貫秩序感

天花板作出重複的框架元素，解構木箱後將不同角度的框架做出結合，衍生頗富異趣的連貫秩序感。店內座位約 30 席，除了開放座位區之外，後方更規劃一處可容納 12 ～ 15 人的包廂區，外頭配置簾幕做出完好的隱私區隔。

圖片提供__JCA 柏成設計

⬆ 餐桌墊高強調舒適度

餐廳希望營造和式用餐體驗，但考量到用餐無法長時間跪座，因此將餐桌架高，視覺上仍保留蹋蹋米形式，但讓用餐的客人可以將腳放在桌子下方，舒適度增加空間線條也能保留原來的極簡。

⬇ 流露古典氣息的特製沙發

店內空間一角規劃長排的沙發區，深咖啡色皮革加上拉扣的椅面處理，散發一種優雅古典氣息，很適合全家愉快用餐的背景，沙發區上方剛好有自廚房向外延伸的排油煙管經過，使用鍍鋅鐵板包覆的量體，在鐵灰的背景中點綴金屬光澤，也頗有摩登工業風的味道。

↓ 大面開窗讓室內獨具開放感

店內從裸式天花板的鐵灰色，到牆面、地面水泥粉光的暖灰色，散發出一種安定、親切的頻率，地面也同樣鑲嵌帶狀花磚兼作動線引導，考慮一般來客的用餐人數多在兩人以上，所以店內的座位採 2、4、6 人座的雙數配置，可以活用空間，但也不至於太擁擠。

圖片提供__ KC DESIGN

◈ VIP 舞台包廂，宣告網紅文化

層層廊道與框景簇擁中，狀似漂浮在空間中央的巨型硃砂紅盒體最是醒目，有別於其他半透明介質，這座極富存在感的 VIP 室嵌於視覺軸心如一座舞台，也像古典歌劇院主張隱密性的 2 樓包廂，是高高在上且堂皇神祕，觀看與被看的雙重意涵在此具象化，呼應網紅文化熟悉的一則則動態宣告。

圖片提供__水相設計

←↓沙發區打造熱鬧中的靜謐一隅

透過「喝自己的生活」的概念主軸，強調酒吧用意重點不在喝酒，而是尋找自我，在入口處左邊安排兩桌舒適的低矮沙發區，不同於中央吧檯區的肩並肩座位，此處更充滿自在放鬆感，透過小圓桌、沙發椅、抱枕等單品圍塑靜謐一隅，讓酒吧裡的自得自悅也成了一種可能。

攝影＿＿沈仲達

🔼 巧妙運用樑柱空間創造私密小包廂

走到餐廳空間的後段區域可以看到為多人聚餐規
劃的座位區，除了中央以花磚襯底的長桌之外，
其他座位則沿著周圍牆面配置，其中右側利用無
法避開的牆柱位置，設計隱私性較高的包廂座
位，牆柱以釉面磚搭配植物圖案壁紙呼應空間綠
意，細膩的在牆面搭配有趣的畫作豐富視覺層
次，形成一處輕鬆又不被打擾的小天地。

圖片提供＿＿開物設計、嘿！起司有限公司、海瑞揚影像工作室

➡️ 符號感強烈的空間個性

空間結合台灣文化，帶進在地質樸的設計元素，
將新舊符碼做出完美融合，讓古意建材翻玩出現
代新意，像是在店內最右邊的區域，即安排可讓
人舒適坐靠的包廂場域，精巧運用穿透式的鐵窗
窗花作隔屏，既產生區域圍蔽效果，也與吧檯產
生互動關係，而座位椅面也選用古早的藤編元
素，帶給人親切熟悉的感受。

圖片提供＿＿開物設計、嘿！起司有限公司、海瑞揚影像工作室

⬆ ㄇ字型吧檯營造互動樂趣

獨立小吧檯參考釀酒廠印象，從皮層到構件皆廣泛運用不鏽鋼建材，透過潔亮的
金屬肌理賦予環境理性的內蘊，同時安排酒柱吧檯的高腳座位，提供邊品酒邊與
侍酒師互動的樂趣，並透過吧檯的中心位置，劃設出店內的ㄇ字型動線，使座位
區環繞吧檯， 並讓 Bartender 可隨時洞察顧客狀況，提供卓越服務。

［ 廚房內場設計 ］

設計廚房時，面積大小會受到一天的供餐數量、設備多寡等而定，理想狀態下，廚房面積需佔餐廳總面積的 1／4 最為適當，才有足夠空間存放食材、設備以及作業的範圍。另外，根據政府規定，餐廳廚房必須做好妥善的排煙、排水系統，確保消防的安全之餘，也讓排放的油水經過層層過濾，以免污染自然環境。

設計原則

Ponit 1
動線順暢工作更有效率

廚房位置的安排，首先最需要考慮的就是外場人員作業動線是否順暢，客人出入口與出菜、回收碗盤行經動線最好盡量錯開，避免因為動線重疊導致擁擠，若是坪數充裕最好規劃在不同位置。一般作業區（廚房）不論其屋型或者格局，因應人使用的動線不外乎以下幾種類型：

Type 1

二字型

這是一般廚房作業區最基本的類型，也最常見的廚房配置，靠牆一端因應管線會設置火源與水源，並依照業種決定鍋爐器具，而另一端則為備料區及工作檯。

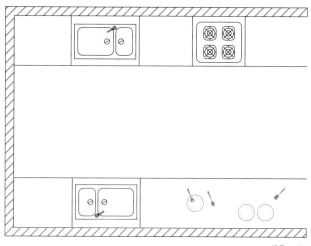

插畫__ nina

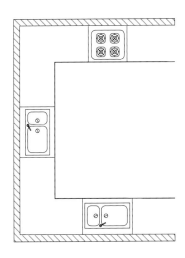

Type 2

匚字型

屬於二字型廚房的變形，隨著餐廳菜單內容複雜度增高，鍋爐器具增多與人員的擴張，或是順應屋型環境而有了調整，但不外乎火源與水源等需要管線的裝置，多會位於牆邊或是分別配置兩旁。

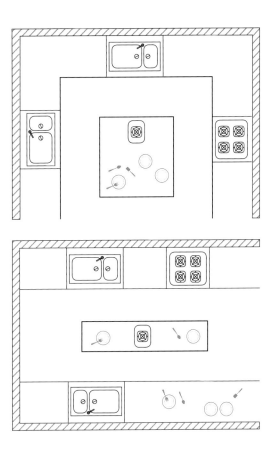

Type 3

三字型與環狀中島

現代餐廳廚房裡的動線多採用法式廚房，也就是環狀中島配置，中間是中島型工作區，火源與洗碗區分別配置於兩旁，開放式廚房的吊架或設備可以成為開放式廚房設計一部份。水槽是重要的工作點，把冰箱規劃在水槽附近，讓烹調前的準備工作更容易。同時，水槽靠近爐具，也方便要瀝乾煮好的麵條及蔬菜。

Ponit 2

作業動線以通暢為優先考量

走道動線要考慮主要的出菜通道、推車或人搬運貨物，甚至是兩人交錯經過的情形。依照人體工學來看，人的肩膀寬度為 75cm、推車寬度為 60cm、一人搬拿貨物的正面寬度為 60cm。因此一人通過的走道設計，需至少為 75 ～ 90cm；若是兩人交錯通過，則要 150cm 以上，像是主要的出菜動線是最頻繁進出使用的通道，建議在 150 ～ 180cm 左右為佳。要注意的是，為了讓烹調順利進行，爐具與工作台之間的走道建議設計為單人通行 75 ～ 90cm 的寬度，讓主廚一轉身就能作業，同時也能避免在烹調時有人從身後經過。

走道的尺寸

工作台若靠牆，選用 75cm 深度的工作台。

Ponit 3

工作台尺度須符合人體工學

設定工作台或爐具設備的高度時，多會以主廚的身高為基準。以亞洲人的體型來說，高度多半在 80 ～ 85cm，若主廚為歐美人士，則會加高至 90cm 左右。工作台若是靠牆設置，深度至少需有 75cm；若不靠牆，建議使用 90cm 以上的深度，兩人同時在工作台兩側使用時才有足夠的空間。

工作台不靠牆，選用 90cm 深度的工作台。

Ponit 4

櫥櫃、壁架高度以方便拿取為主

考慮到作業順暢，工作台上方壁架高度會在 140 ～
150cm 左右，深度則是不超過工作台的一半，約 30 ～
40cm 深左右，避免人在作業時撞到。除了壁架，也可做
腰櫃或是落地櫃，一般高度落在 150 ～ 210cm 左右。

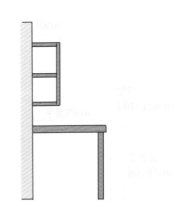

Ponit 5

優先決定爐具設備的位置

在配置廚房設備時，首先會先考量爐具和烹調設備的位置，這是因為爐具設備會產生高溫，須避
免設置在與鄰居相鄰的牆面，否則高溫影響鄰戶，因此一般設在面臨後巷的區域、不與鄰居共用
的牆面，或甚至可置於廚房中央。決定好爐具位置後，接著要考量洗滌區的位置，先設想行動模
式：「從用餐區收完碗盤後放到廚房。」因此建議洗滌區設在廚房入口附近，這樣的動線最短最
便利且不會相互干擾、也最節省力氣。再來配置工作台、水槽和儲藏空間，工作台是作為洗菜、
切菜和擺盤的地方，因此多半設置在靠近爐具和冰箱旁，使烹調工作更方便。另外，廚房多半會
設置 2 ～ 3 個水槽，分別是洗碗、備料、烹調時會用到，要注意的是，洗碗的水槽一定會與備料
和烹調分開使用。

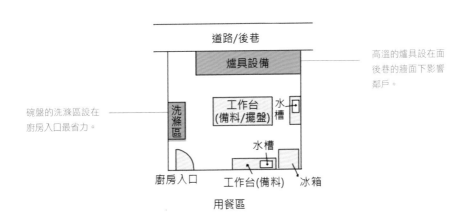

碗盤的洗滌區設在
廚房入口最省力。

高溫的爐具設在面
後巷的牆面下影響
鄰戶。

Ponit 6
依照餐廳類型，選擇適用的爐具設備

不同類型的餐廳，會有獨特的爐具和烹調設備。像是義式餐廳，一定會配備義式煮麵機；而美式餐廳則可能會有炸物、碳烤等料理，因此油炸爐、碳烤爐是首選之一，若是有搭配排餐，則另外有煎板爐的設備。另外，中式餐廳大多以大火快炒的料理居多，因此設備以炒爐、瓦斯爐灶為主。咖啡廳則是以烘焙咖啡的機具為主，並搭配製冰機或是儲冰槽，若有餐點的設計，多搭配簡易的電磁爐，若另外有甜點，則需再購置甜點冰櫃。不過，設備的選配多是由主廚或管理者與廚具廠商共同討論，多半依照主廚的使用習慣決定，而設備的數量則會依照桌數、出餐數、主打菜色、廚房面積等因素而定。桌數越多、配備的設備數量需相對能因應出餐量的需求，避免拖延出餐時間。

Ponit 7
廚房水溝留意斜率

廚房內部經常會用水清洗，因此必須做到能快速排水的設計，須沿著所有有可能用到水的區域設置排水溝，而排水溝末端須增設油脂截油槽，這是因為餐廳的污水向來會有菜渣、油脂存在，油脂截油槽能事先進行過濾的處理，過濾後的污水才能排放到污水管，以免污染海洋。

在設計排水時，需注意地面的排水坡度需在 1.5 ／ 100 ～ 2 ／ 100cm 的斜度，而水溝則需保持 2 ／ 100 ～ 4 ／ 100cm 的斜度，水溝的底部需為圓弧狀，才不容易有廚餘殘渣堆積在底部。水溝須有可搬移的掀蓋，方便事後清理。

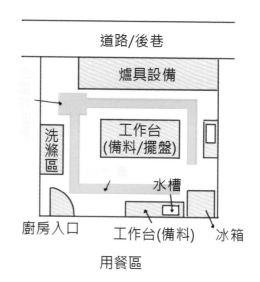

Ponit 8
不可忽略的油脂截油槽設計

油脂截油槽的設計概念是，當污水進入後，首先會用網籃將大型廚餘攔住，通過網籃的較重殘渣則會沉澱於底部，較輕的殘渣則順著水流移至第二道關卡。第二道關卡則是讓油水分離，截油後將水排放，接至污水口。但截油槽會配合排水量或不同的廚餘類型，而有不同的設計，若為烘焙坊、麵包店等用到大量麵粉的店家，油脂截油槽則需額外進行澱粉的沉澱處理，另外，一般截油槽的深度至少為 60cm 以上，若店家位於一樓且樓下有地下室的話，截油槽無法下埋，必須將地面架高。

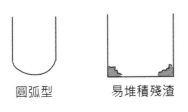

圓弧型   易堆積殘渣

水槽底部需採用圓弧形的設計，可讓廚餘菜渣快速通過，方型設計則容易在角落殘留菜渣造成清潔不易。

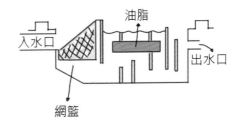

油脂截油槽的處理流程。

Ponit 9
維持良好通風與氣壓平衡

廚房是高溫悶熱的環境，必須維持良好的通風和溫度，不僅讓作業環境變得舒適，也能避免食物在高溫的環境下腐壞。一般建議裝設吊隱式空調，優勢在於可安排出風口的位置。出風口建議設於備料區，需避免設於爐火區附近，冷房效能較佳。

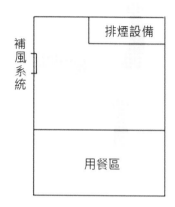

另外，透過排油煙機將空氣從廚房排出戶外時，廚房內部會形成負壓，會使處於正壓的用餐區空氣流向廚房，能有效避免廚房味道流向用餐區。同時，廚房內部的空氣排出時，為了避免用餐區或室外新風流入廚房的風量不足，造成廚房持續處在高溫不通風的環境，因此必須設計補風系統，像是安裝抽風扇等，加強空氣流通。

Ponit 10
設置排煙設備需加強天花隔熱

在設置排油煙機時，排風管多半是走在天花裡，當高溫的油煙經過排風管時，溫度會影響二樓的地板，因此安裝排風管時，天花內部需加強隔熱。另外，排風管的出口不可接至下水道或水溝，以免造成污染。若是排風管出口無法朝向道路一側，則需將排風管延伸至建築物頂樓排出，在安裝前，需取得住戶的同意，並加強靜音、防水的措施，像是安裝避震器，避免馬達噪音影響住戶。

Ponit 11
選用適當的排煙設備

由於餐飲業的排煙量遠遠超過家用的排煙，因此需依循政府制訂的法規設計，有效達到降低空氣污染的目的。商用的排油煙機大致可分成水幕式和靜電式，水幕式排油煙罩的原理是當油煙進入排煙罩時，先灑水讓水與油煙結合，再經過迴水箱過濾淨化，避免油煙持續散佈在空氣中。靜電式排油煙機則是透過電極場，讓油煙帶電，得以集結到收集板，淨化油煙。另外中式餐廳的油煙較多，就適用水幕式的排油煙機；而西餐廳的油煙較少，就適用靜電式排油煙機。但若是碳烤為主的西餐廳，會使用木炭烹調，進而產生灰渣，除了需選用水幕式的排煙設備，還需有特別過濾出灰渣的設計，因此建議需依照餐廳類型、烹調方式，選用適當的排煙設備。

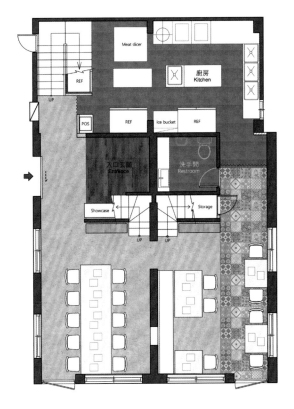
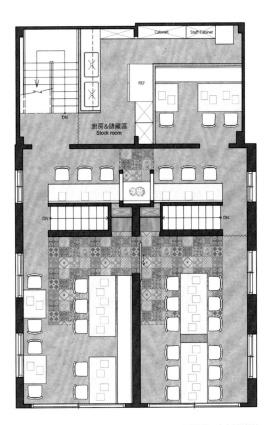

圖片提供＿木介空間設計

🏠 內場佔比至少 1 ／ 3，增加設備與倉儲空間

比起其他餐飲類型，鍋物雖然無需烹調區域，但相對因為菜盤需要前置作業先準備好、也有大量肉類儲存的問題，冷凍、冷藏設備數量相對更多，因此像毛房蔥柚鍋 1、2 樓的廚房佔比幾乎至少 1 ／ 3 左右，2 樓主要是擺放冷凍冷藏設備，熬煮湯頭則規劃於 1 樓，開店前將部分湯底拿到 2 樓備用，一方面也巧妙將 POS 機設於 1 樓廚房內，採用桌邊結帳的概念，還能節省必須設置櫃檯的空間，讓桌數發揮到極致。

圖片提供__力口建築

⬆ 獨立儲貨區強化存取便利

為了便於進、出貨補充與整理，特別將儲貨區獨
立出來。冰箱開口面外可讓送貨人員在第一時間
將生鮮原料入庫，避免留置於騎樓地面，增加衛
生疑慮與失竊風險。廊道內則另設有一個拱型入
口補充乾貨，雙重設計也使工作效率增加。此
外，天頂以白色瓦楞板配襯不規則黑框線製造活
潑、遮蔽管線。而黃色浪板上緣及製作販售區下
方的不鏽鋼板上，皆留有沖孔小洞增加對流透
氣，讓工作環境不會高溫悶熱。

圖片提供__力口建築

⬇ 點餐與出餐分流讓動線更順暢

為使消費動線順暢，刻意將點餐與取餐出口分開；
面馬路這一側，透過印有品牌圖像的小短簾，明確
界定出點餐區位，讓臨停顧客便於選購，同時也能
讓菜單面板完整呈現。而取餐處面向等候區，窗口
下方以架高的不鏽鋼板遮掩，讓商品包裝與收銀動
作不致全然暴露在顧客眼前。

圖片提供＿力口建築

Part 3

昇華：細節體驗

餐飲業是一個極為競爭激烈的市場，該如何脫穎而出是絕對要思考的問題，然而除了食物好吃，該如何於空間中出奇制勝也是設計師要考量的策略，但這不意味著必須特立獨行，或推翻過往的一切，而是找出合乎業主需求與品牌調性的風格、氛圍，本節將從「材質與軟裝規劃」與「燈光設計」切入討論，帶領設計師在消費者熟悉的範圍內去創造市場上的「差異化」，並取得其中平衡，讓他們在感覺新穎有趣的同時，又能兼具舒適自在的用餐環境。

[材 質 與 軟 裝 規 劃]

規劃一處餐飲空間時，如果說動線與座位設計影響於無形，那麼空間中的材質與軟裝規劃，則是影響消費者對品牌的直接觀感。透過設計師選擇與品牌調性相符的建材與陳設，在實用性與可看性之中取得平衡。

設計原則

Ponit 1
時尚餐飲空間絕不能少「藝術個性」

雖說餐飲空間深舊是一種具有「功能性」的空間，必須要讓廚師安心料理、顧客用餐舒適，但它同時也承仔許多「感官性」的需求，因此透過材質與軟裝的運用，將藝術元素自然融入空間規劃，也是呈現餐飲品牌文化的創意表現方式。

Ponit 2
掌握精簡，將極小的「質地」戲劇性放大

無論規劃多大多小的餐飲空間，「材質」一向是最核心的關鍵，如果說食材是建構美食的建材，那麼建材就是空間裡的食材，設計師可以透過整體氛圍的形塑，使消費者沉浸於品牌堆砌的文化，例如規劃一間講求有機的餐廳，那麼空間材質會盡量選擇自然、質樸的建材，一來不僅嗅覺、味覺獲得滿足，連帶視覺、觸覺也同步得到新感官刺激，加深市場對品牌的記憶點。

提供__ Brendan Bakker

Ponit 3
找出根植於土地的文化元素

近年來台式元素新起，許多餐飲品牌試圖在空間中導入台灣常見的復古工法，重新詮釋在地文化，然而所謂的「在地化設計」並非符號是的套用，例如中式餐廳的配樂並非要選用琵琶或古箏。在地化的文化底蘊，是在到當地去尋找，包含自然與文化、精神與物質、外觀與現實，而非從別處移植挪用，這樣不僅無法與消費者產生共情，也留於圖有外表的圈圍罷了。

圖片提供__ YODEZEEN

Ponit 4
創造與眾不同的感官體驗

就餐飲空間而言，「用餐」固然是主要需求，但不該是唯一需求，但凡「社交」、「舒壓」、「娛樂」等體驗也同等重要，甚至更能表現出設計的創意能量，細膩琢磨各項元素的精準到位，創造出前所未有的空間感受，展現了設計者的企圖與格局。

圖片提供__ Orchid Restaurant 蘭

↑ 氣勢磅礴的視覺饗宴

吧檯設計在開放場域的中央，本身擔負著空間視覺的凝聚點，設計師利用鋼構藝術來加冕，營造出磅礴的舞臺效果。機能上，吧檯桌面刻意加寬，挑選座椅也加大，並有踩腳設計，客人即使在這裡用餐也可以很舒適；另外空間色彩刻意採用黑色，以突顯天花板金色裝飾物的效果，吧檯的環狀鋼構呼應自由曲形的金屬簾，以及如絲帶垂落的樓梯扶手，營造出「極光」的意象。

➡ 以原材轉譯設計

設計師利用原材呼應食物原味；包含夾板天花、水泥粉光地，保留障子門線條的鍍鋅包廂入口及懸浮鐵檯面，透過造型燈具與底部間接光散射幻化金色光芒，升級質感之餘，亦體現「少即是多」的思想內涵；其中包廂採懸浮設計，搭配沖孔板與灰玻若隱若現，削弱封閉空間可能產生的滯悶，開放區左側以山形裝置藝術輝映右側立面波紋漣漪，並用深灰轉化地坪勾勒沉穩。

圖片提供__ 開物設計

提供＿圍物設計

◤ 漁船意象讓空間氛圍更點題

為突顯海洋主題，特別參酌多種日式圖騰原創出幾何藍白格紋，從上到下鋪排帶來海天一色寬闊想像，搭配滔天巨浪浮世繪，形成極具張力的視覺刺激，客席區分為吧檯、對座與沙發區，藉型態差異增添層次變化並滿足不同需求。吧檯上方以黑色鐵網與燈具圍繞；環狀造型如同一艘即將出航的漁船，在漁火通明的近距接觸中，悄悄拉近了食材、職人與饕客間的美味關係。

◣ 異質混搭，演繹衝突美學

藉由不同風格、不同個性的異材質混搭手法，創造空間吸睛的獨特氛圍，讓人好奇想一探究竟；其中吧檯牆面採用刻意斑駁的灰白石磚，表現一種廢墟的頹廢氣質，同時又加入珍珠皮沙發、復古奢華的吧檯單椅，營造不和諧之間的再融合。

提供＿齊物設計

🔼 金屬光澤提升餐區華貴感

以挑高和大片落地窗打造氣派質感，並採黑色為底再融入深灰與紅銅金元素，藉此具體呈現「火光中的盛情款待」服務意象；其中吧檯立面以紅銅色鍍鈦金屬作不同表面混搭處理，上方為拉絲紋平面板材，下方則搭配包覆成馬賽克樣式的小塊金屬。懸吊黃金色柚葉則是為了呼應餐點中的柚子食材。桌側下吸式風管減少油煙，也騰出餘裕讓挑高空間顯得乾淨舒服。

🔽 地材留白舒緩多彩喧鬧

空間中大量採用各式實木、裝飾元素復刻經典質感，但在整體色調安排上，藉濃郁卻不豔麗的色彩手法，形塑更多元化的場域表情，也將懷舊卻不拘泥的創新品味明白展露。天花走深紫修飾，餐櫃附近立面以柳安木拼接帶來變化，加上米橘色襯底及灰藍腰牆，透過淺色地材留白，傳達熱鬧卻不雜亂感受。

是供＿直學設計

↑ 原木與金屬的空間對談

正對入口木樁牆以黑色烤漆鐵件切割，與外牆採用同一設計手法。雙開動線不僅方便引導出入亦能增加視覺開闊。鍍鈦金屬台創造華麗視覺並強化現代感，當粗糙木質對上光滑金屬，衝突的語彙卻揮灑出突破窠臼的新鮮感。

隈研吾建築都市設計事務所 攝影＿川公朗寫真事務所

◤ 超現實夢境的用餐體驗

在 Nacrée1 樓的料理空間中，設計師使用了丙烯酸製成的細長透明圓柱體做出隔斷感，並選擇作工精細的人造花來模擬插在丙烯酸管的花束，點出法國巴黎花都浪漫的感覺。當人們走動時透過這些透明圓柱體所看到的隱約晃動，也似乎是處在只聞其聲不見其人的森林中，使用非傳統的裝飾材料來打破常規的建築手法，呼應擺盤精緻的法式新潮料理創作，就像是正在經歷一場超現實的夢境。

⬆ 花磚圍繞吧檯，酒灑了也不怕

強調美觀與功能兼具的設計，須考量空間實際使用的各種情況，花色圖騰的地磚圍塑出吧檯可恣意買醉的特殊地帶，就算酒水打翻也便於清理；與臨近的包廂座位區，以深色木地板走道為界，有了鮮明的區隔；另外選用具有細膩紋路且色澤深淺的材質，更能突顯出歷經時間淬煉的品味沉澱，吧檯椅的皮革、吧檯的深色大理石，木質框飾與寶綠色的磁磚，都有著耐人尋味的線條刻鑿與斑斕之處。

➡ 異中體西用的共融美學

品牌以斑駁紅磚搭配木質窗花勾勒東方韻味，卻又在走道底部安排線條俐落、通透精巧的西式酒窖。裸露的天花和明管則揮灑出工業風不羈氣息，看似相異的文化特質卻透過色彩與線條共構和諧，並透過凹凸刻鑿激化場域躍動感。

圖片提供＿Work Of Substance、攝影＿Nathaniel McMahon

⬆ 邀請知名街頭藝術家共同創作

眼見之處全是知名街頭藝術家的作品，除垂頭喪氣的 Kaws 巨型公仔，另有 Vhils、Invader、Mr. Brainwash、Banksy、Jean-Michel Basquiat、Damien Hirst、Daniel Arsham 等裝置藝術、掛飾與創作俯拾即是；天花板滿佈古銅金色管線，優雅的傢飾與地板精心鋪陳 Art Deco 的細膩格調。

⬇ 數大即美氣勢磅礡

客座邊緣以白水泥揉合稻草施作，導入日式古民居的質樸情味，長列卡座的牆面則用燻黑松木剖面貼飾，呈現炭一般的肌理光澤，呼應店家自慢的燒肉美饌。天頂錯落懸掛成串的巨大木酒桶裝置與店內架設的太鼓，表現出空間磅礡張力並成為店內視覺重點。吧檯區背牆的崢嶸岩板，襯托架上各式日式清酒桶、繽紛酒瓶與視覺中心的牌匾，橫書的「昭日堂」店名在此對照之餘，展現挑戰時間粹練的經營決心。

圖片提供＿周易設計工作室

圖片提供＿周易設計工作室

圖片提供＿ Andaz Tokyo / Michael Moran

⬆ 輕重之間展現細膩韻味

用餐區以代表日本大和民族的紅與白兩色為主要色調，採取嚴謹精準的動線規劃，滿足旅客在此用餐或談話的舒適需求，並以北海道胡桃木立定穩重樑柱格局，對比同樣以胡桃木打造而成的大型非線性藝術裝置，賦予空間舉重若輕的細膩韻味。

⬅ 穿越時空搭乘法國老電車

藍綠色磁磚貼出法國老電車公司洗淨鉛華的面貌，金銅色的招牌立體字樣鑲嵌於入口處，牆上的欄杆讓人自然地聯想到電車裡的情境，櫃檯處可索取廢棄的車票，其實是 Bibo 餐廳的名片。

圖片提供＿ A Work Of Substance，攝影＿ Nathaniel McMahon

簡易科技手段實現高質感設計

天花板以 S 型流線裝飾銀色不鏽鋼花朵，輔以投射燈光篩落點點星芒，形成如銀河一般繽紛璀璨的美感，而看似高科技的炫幻裝置，其實是以講究繁複到位的手法，呈現最簡單純粹的思維，也不是一味堆砌與填塞，而是在設計時精確計算每一朵花的位置與尺度，展現出數量的力量。

圖片提供＿郁物設計

圖片提供__晴天見設計

群山疊嶂、林間與月對酌

設計師將自然景觀抽象化為幾何線條，以山巒曲折的稜線作為座位格間的造型，彷彿樹幹般的柱體則是巧妙隱藏了繁複管線，遠山一輪圓月沉入樹林枝隙，在空間中創造一幅絕美的山水畫境。

運用反射材質放大迎賓區

為營造別有洞天的視覺效果，從一進門的動線採半密閉式空間壓縮，再進入廣敞的迎賓區待位，並在兩側酒櫃大量運用鏡面櫃，天花板則採用拋光不鏽鋼材質反射，將空間放大營造視覺感。同時，用餐區的屏風也採用夾紗玻璃及鏤空鐵件交錯，營造半透視效果。

圖片提供__艾摩楔設計

圖片提供＿古魯奇建築諮詢（北京）有限公司

↑ 獨特木炭牆成為空間視覺焦點

餐廳入口以排列整齊的日本燒烤碳牆面凝聚視覺焦點，透過純粹的美感詮釋，淨化了人們對木炭材質的印象，炭塊橫截面的肌理在聚光燈下備顯鮮明，將其實用功能轉化為裝飾美學，並巧妙地用這面碳牆隔開了內部的用餐區和外部的收銀區。

圖片提供＿木介空間設計

← 鮮明圖騰、仿石紋理，快速打造復古摩登視覺效果

如果是以女性族群為設計的餐飲空間，在於材料的搭配運用上，如何快速獲得視覺聚焦是一大關鍵，鳳梵二從入口至主要用餐區皆鋪設義大利霧面閃釉磨石花磚，白底深綠幾何圖形復古典雅，用餐區桌面、結帳櫃檯則是貼覆銀狐白薄板石英石，這種薄板磁磚好清潔、不易留下汙漬，另外包含餐椅也是選搭圓弧造型椅背，搭配金屬光澤椅腳，人造皮革同樣兼具易維護特色，照明計劃則以訂製款金銅色魚鉤形式吊燈，讓每一個細節到位且富有精緻質感。

▨ 水波持續蕩漾的海味餐桌

位於香港淺水灣的「The Ocean」海鮮餐廳以海洋為主題，在長型的格局中，以極大面積的落地窗把海景納入，染上大海顏色的水藍天花與壁面，注入無限遼闊的海洋意象，搭配木頭的內裝材質鋪陳，給予陽光般的溫暖撫觸。讓人們在享受美味海鮮的同時，也宛如徜徉海中央，享受來自大海的浪漫擁抱。

▨ 日式海鮮壽司 bar 的曖昧圍塑

具備日本壽司 bar 可說是該餐廳的重點特色，「The Ocean」海鮮餐廳吧檯區便成為一塊獨特區域，簡約的高腳椅搭配木製吧檯，精準傳達日式的質樸情懷，懸掛著的玻璃燈具，像是一隻隻在海中飄浮著的水母，夢幻而唯美。另外，正因為海總是千變萬化，藉由這樣的特質，設計師以霧面噴砂玻璃作為輕隔間，若有似無地區分出包廂區域，在此區用餐的客人可以享有部分隱私，又能感受身處海洋內部的朦朧美。

巧用金屬線條堆疊精緻質感，天鵝絨與大理石表現高級沙龍感

以飯店為概念的店鋪設計，除了復古元素的再現，如何適度的展現輕奢感，是能否提煉出耐人尋味的精緻度的關鍵。心潮飯店巧用金屬，使其以線條的形式裝飾壁面，而非以塊面的方式以免太過搶眼。內部軟裝的材料選用深色的木素材呈現尊貴氣息，輔以具有奢華意味的天鵝絨布以及大理石材，成功營造出高級沙龍感。

圖片提供_心潮飯店

⇊ 藍白雙色交織海洋組曲

餐廳的主要色調採用海洋意象的藍色與白色，富有晶瑩色澤的湛藍琉璃瓦與寶藍沙發，對應著如船甲板般帶有斑駁質地的白色竹板牆，餐桌表面也特別採用反光材質，營造出海面波光粼粼的視覺效果，其中每張餐桌上所配置的燈飾，既是安全浮標的意象，同時也是海上熠熠閃爍的燈光與星火，隱喻在城市這片汪洋之中，讓人錨定位置，尋得一個安身立命之處。

圖片提供_A Work Of Substance

圖片提供__永心鳳茶

天鵝絨布襯托華麗氛圍，藉木質調性予以中和

延續永心鳳茶的品牌識別色系－－藍色，在展現內斂的同時，為了區別包廂座位區與一般座位區，並賦予包廂座位獨有的氛圍與尊貴感，以具有東方紅意象的天鵝絨布料鋪設於半牆，並以黑色磁磚腰牆予以混搭，無形中拉出立面的層次感，使餐飲空間展現時髦調性。為了中和並扣合飲茶的內斂溫潤氣質，天與地以深色調的木素材鋪排，有效地收斂了包廂的奢華感。

新舊文化融合突顯老屋特色

選擇以老房子經營鍋物料理，因著店主對於老屋的喜愛，設計團隊選擇保留老房子的年代韻味，牆面重新刷飾樂土修復，水泥粉光地坪局部增加西班牙花磚，中島吧檯搭配現代吊燈、2樓則是配置巴洛克燈具，兩戶之間的天井區選用台日老櫃妝點，利用各國文化、老件做混搭，1樓兩戶之間既有的內嵌式木櫃，轉而換成圓形透視開口，回應華人鍋物所傳達的團員意象，也意外成為特殊的取景角度。

圖片提供__木介空間設計

共__硬是設計

◤ 紅銅醬料壺器化為空中裝置藝術

在空間中適度的以藝術品作點綴能使氛圍昇華，提升至更精緻的層次，也會加深消費者對於品牌的印象。挑食 GIN JIA 以正統法式料理為定位，為了加強空間設計的藝術性，特別與花藝師共同創造出以法式料理中常見的紅銅醬料壺與植物結合的懸掛裝置藝術品。置於店面中央展現大器風範，也讓飲食環境增添殿堂感，除此之外，將紅銅醬料壺作意料之外的轉化創作，也能讓消費者眼睛為之一亮，使其在享受佳餚之餘，讚嘆品牌於裝飾上的品味與巧思。

◣ 以緩慢優雅的用餐時光

餐廳中央地面刻意以花磚鋪設出類似地毯的視覺效果，方桌、圓桌穿插擺設的手法，讓人員行進間也不致干擾其他來客，外觀使用的酒紅色古典牆也沿用到室內，營造前後呼應的設計語彙，整體的情境照明傾向柔和、微昏黃的照度，自然而然發揮情緒舒緩的效果。

圖供__KC DESIGN

圖片提供__硬是設計

⬆ 以黑炭鋪排製造戲劇張力，輔以紅銅質地呈現淬鍊感

AKAME 內部天花板局部以黑炭塊鋪排拼貼而成，在微弱燈光的照耀下，有如礦坑中閃閃發亮的礦石，既粗獷又具有暗藏寶藏的神祕感。以黑炭元素扣合餐廳特色的料理方式－以石窯窯烤食材，需要對於溫度火侯有高度的掌握，以及充分的耐心，燻烤碳化的木材象徵著此堅毅耐心的精神。不規則的邊緣具有流動感，輔以紅銅金屬飾面，呈現軟硬質地、野性與精緻的相互碰撞，紅銅經過使用後會產生的自然色澤變化，更為空間帶來時間感的語彙。

⬇ 訂製傢具傳遞材料的原始風貌

專賣咖哩飯的野營咖哩，入口以鐵網隔屏區分座位區，半穿透設計保留隱私，同時也兼具食材陳列的作用。店內桌子儘可能以原生材料去做呈現，例如水泥與鍍鋅鋼板合一的桌面，對比材質的碰撞產生趣味的視覺感受，而水泥質地亦有吸水的實質功用。

圖片提供__隱室設計

圖片提供＿吃茶三千

質樸紅磚水泥，賦予傳統與現代銜接美感

以傳承台灣茶飲文化為品牌軸心的茶飲品牌吃茶三千，刻意將老屋原本裸露的紅磚與水泥保留而不加以粉飾，大膽的材質立面設計，反而使其成為此街區中最具特色的建築，復古而具有光陰淬鍊的痕跡，亦不與寧靜樸實的環境互相衝突。整棟建築物多有玻璃窗面，不僅使室內採光充裕，也給予路過的行人自由觀賞窗內之景的機會，彷彿在未進門之前，便已率先表達歡迎之意。

圖片提供＿古魯奇建築諮詢有限公司

溫潤木料、柔和色系，帶來舒爽氛圍

「維塔蘭德親子餐廳」以溫和的木質材料、純淨清新的顏色以及高低錯落的「樹屋」，造型打造父母和孩子共同的樂園。其選用木料在於質地相對軟，較能對於安全上多一層防護；至於清新的色調，則是考量孩童直視上不會太過刺眼，且在觀看上比較適合也不會感到視覺刺激。

⬇ 色系牽引之下，讓防護網融於設計之中

孩童勢必是親子餐廳他們主要的服務客群之一，而這樣的客群多半年齡小且好動，不免一定會在環境中跑來跑去、爬上爬下，如何顧及安全、安心是家長所在意的。設計師透過色系的牽引，將白色的防護網融於空間設計之中，巧妙地化解了突兀感，也讓整體環境更加的安全。

圖片提供＿古魯奇建築諮詢有限公司

圖片提供＿古魯奇建築諮詢有限公司

提供__古魯奇建築諮詢有限公司

提供__古魯奇建築諮詢有限公司

◤◤ 烹調文字牆把餐飲精神更具象化

如何讓設計扣合餐飲一直是利旭恒在設計的思考點，他試圖從中國文化中萃取，最終聯想到活字印刷術是中國四大發明之一，便以這個元素把中國獨有的文化與智慧做傳遞與表露。同時聯想到，中國料理不說菜系，光烹飪方式就有數十種，例如：炒、熗、炊、煮、煎、爆……等，因此將烹飪方式轉化成文字，砌出一道烹調文字牆，牆上面的文字都是與烹調食物有關，這也表現出中國料理海納百川。

多元運用餅模元素，以高級灰色調、皮革展現內斂與經典

舊振南餅店具有超過百年的歷史，儼然是漢餅界的元老品牌，故展現其長遠的影響力以及經典性為擬定色彩計畫的原則，店面整體色調以內斂沉穩的高級灰為主，椅面採用皮革材質表現尊貴感，避免由於過度奢華而失去了應有的格調。於牆面的部分，再次以餅模作為裝飾元素，相互排列成一幅壁畫，彷彿在述說製餅過程中，兼具理性邏輯以及感性領會的精神。

善用色塊點綴，打造清爽美味印象連結

1樓商鋪以白色牆面與藍色櫃台呼應主打的地中海飲食，但在貨架看板與棧板側邊融入橘色強化品牌識別。磨石子地面與櫃檯後方的大理石牆是沿用老屋原本建材，刻意挑選紋理相近的石材鑲嵌於壁面中央，以突顯品牌名稱與圖像。黃色管線則在天頂製造出類似邊框的視效，最後融入綠色植栽豐富配色跟自然感，激盪出美味又清爽的空間情調。

圖片提供＿木介空間設計

鏡面、塑鋁板反射把空間變開闊、光線再度提升

挑高約 4 公尺的既有空間存在一些結構柱體，為了消弭弱化這些柱子，設計團隊選擇貼飾鏡面隱藏，並且延伸向上包覆，不過天花板考量鏡面重量的關係，因而改為利用有鏡面效果的塑鋁板鋪陳，透過兩種材質的反射延伸，空間感更形開闊之外，也由於兩側採光面的加乘，室內感覺更加明亮寬敞，也增加空間的層次。

空間設計＿齊物設計 攝影＿游宏祥攝影工作室

⬆ 空間解構風格元素，呼應新歐式料理主題

位於宜蘭羅東的村却國際溫泉飯店 23 樓東西匯餐廳，West 供應歐式套餐及蘭陽第一熟成牛排等料理，空間設計以解構手法回應餐廳主題，進入用餐區的廊道以菱形拼貼地坪石材，展示酒櫃既是隔屏也開展迎賓意象，鑽石造型燈具呼應地坪分割。牆面則解構了歐式線板，不用在邊框裝飾而作為牆面主題，座位區以弧型木作隔板圍塑分區，底端的工作櫃台以細木工傢具呈現，貝殼鑲嵌門片搭配實木皮，營造細膩質感又不會過於厚重。

➡ 跳脫精緻鍋物既定印象，藉記憶中的顏色說故事

台灣早期的家電或鐵窗等常見青青綠綠的顏色，給人一種懷舊的情感連結。業主想跳脫精緻鍋物紅黑配色印象，青花驕中山店設計師以明亮現代重新定義精緻鍋物，空間主色為黑白灰、輔以青綠色作為框架點綴，打破以沉穩深色調彰顯質感的手法，2 樓座位區以現代手法解構東方庭園元素，中央的座位以頂天框架和及腰鏡面矮櫃控制距離感，營造大環境開放、小區域聚攏的空間體驗，相同形式層層堆疊與局部鋪貼鏡面，沒有過多的造型和材料，便營造出東方庭園一步一景、移步異景的豐富意境。

圖片提供＿齊物設計

圖片提供＿齊物設計

轉化常見材料化身韻味十足主題端景牆

制式建材透過拼組與換色，也能玩出新高度。餐飲空間的牆面，常見運用食材料理精緻照片大圖輸出，青花驕板橋店則延續青綠色點綴主題，位於店內底端的大片牆面，以拼花幾何的抽象方式設計主題牆，採用常見的植草磚上漆與窗花磚組成帶有立體織理的紋樣，一輪金屬嵌燈條有如明月烘托店名LOGO，青綠色調呼應品牌空間識別色，從常見且實惠的材料中找出運用的新意。

金屬與鏡面映照反射豐富視覺層次感

餐飲空間的視覺感受既要豐富又不能失焦模糊了主題，青花驕板橋店的座位區以框景手法做出類包廂概念，有如走在亭台水榭間，雖無隔間封閉卻有隱密感，腰牆以金屬框邊、鏡面鋪面，反射走動的人影與主題牆的倒影，局部牆面點綴雲紋裝飾，無需做滿就營造出虛實掩映、層次分明的水墨園林。

圖片提供＿齊物設計

餐廳的設計除了裝潢外，照明規劃在整體氛圍營造也具有畫龍點睛的效果，光是光線的轉換，就能化腐朽為神奇。就通則來說，高級餐廳或私廚、酒吧等注重私密的餐飲空間，多著重於重點式的照明；而大眾餐廳或全日營業的餐廳，則應該較為明亮，另外白天與晚上的光線也必須在設計時納入考量，建議在白天應儘量引入日光，對食物與產品有非常大的幫助，但同時也需注意遮陽，格柵遮陽板或捲簾也應在設計時同步考量。

設計原則

Ponit 1
照明首要法則：食物第一其他為二

無論什麼種類的餐廳，照明都是以食物優先，桌面一定要打光，投射型燈具是最佳的用餐光源照明，須注意同一張桌面的明暗度不宜反差過大。為避免用餐時抬頭看到刺眼的投射燈，可使用有燈罩的吊燈，若要選用無燈罩的吊燈，則不能選瓦數太高的，鹵素燈燈光效果較佳，但 LED 的使用可以減少熱度與用電量。若是有特別節日，桌上也可有燭火以塑造氣氛。而一般餐廳照明，應以 3000K 為主，由其是桌面的部份，此色溫最能呈現食物與飲料的色澤，其他空間與特殊照明不再此限，但一間餐廳最好不要有太多不同種燈光。

Ponit 2
深色調空間的照明法則

許多餐廳空間多是深色調背景，如果天花板牆面地板都是暗色系照明，光線的反射效果就會很差，無法製造具擴散型的燈光。因此在這樣的空間裡，主要在桌子上方確保基礎光線的亮度，並重點式的配置光線，讓光源分散在天花板、牆壁、地板上，這樣可以製造出深度、也不至於讓空間的重心過於下移。

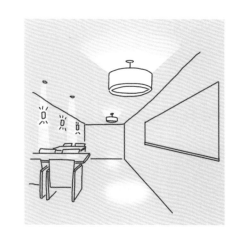

Ponit 3

使用顏色與環境相符的燈光

儘管素材並沒有非要使用哪種光色的規定，但是空間中每樣素材適合的光色種類多少還是有所限制。一般而言 3000K 左右的暖色，會讓素材感受變柔和並且突顯紅色系的色調；超過 4200K 的白色則是給人剛硬冷酷的印象，因此紅色成分多的木材及暖色系的石頭適合與溫暖的光色搭配，透明的水晶、玻璃和堅硬的金屬、混凝土則需以白色光色來襯托其素材感。只是取得空間整體的色調平衡非常重要，因此不能每樣素材都用同一種光色，而是必須以整體的概念來挑選基礎光色，假如某樣素材在空間中佔了很大的比例，適合該素材的光色便會成為空間的基礎光色。

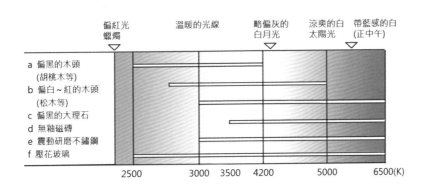

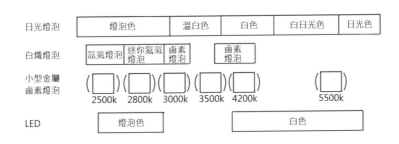

Ponit 4

重點照明強調空間屬性，直接照明輔助機能

開放式廚房早已成為餐飲空間設的主流，雖然採開放式設計，但每個區域仍需各自獨立，而且所有照明必須依照人的所在，才會區塊性亮起，全區展開照明的情況並不多見，因此建議為每個空間建立自己的重點照明來強調。另外利用輔助照明強調機能及空間層次，讓更多材質細節得以表現，像是酒吧區可以採用投射燈打在桌面或周邊地坪上，既能形塑區域獨有氛圍，又可做為周邊過道的指引。

Ponit 5

善用壁龕設計讓整體空間發光

將店鋪空間想成一個箱子時，為了盡量以簡單的形狀充分運用空間，有時會將各種軌道和管線集中收納在一片牆面內，這時只要利用增寬到一定幅度的牆壁，設置展示用壁龕，就能為空間帶來寬敞感。如果想要有如藝廊般展示壁龕，可以讓壁龕內部發光，製造出展示框的效果。設置時可以採用四面側板安裝間接照明，色溫只要與空間的基礎照明互相搭配，空氣氛圍就能達到完善。另外也請事先想好需展示的物品，能夠展示餐廳概念的物品是最好的選擇。

Ponit 6

廚房講究空間照明，餐廳講究情緒照明

廚房是餐廳的作業重地，因此此區的全室照度大約維持在 45 ～ 750Lux 左右，色溫約 2500K 即可。至於用餐區講究的是用餐情緒，色溫或照度過高反而會讓情緒急躁，不利於氛圍形塑，建議可將照度維持在 50 ～ 100Lux，並可選用懸掛吊燈，以符合人入座後的高度照明，並準確將光源投射在食物上。

Ponit 7

在廚房營造自然天光，讓工作時更放鬆

廚房雖然是工作區域，但太多明亮反而造成情緒緊繃，建議不妨利用電源燈具控制器及場景控制器，搭配 LED 數位燈具，藉由色溫的變化變化，模擬白天到黃昏的自然光，讓工作人員如同沉靜在陽光之下，情緒也比較容易放鬆從容。

Ponit 8

櫥櫃下加裝燈具，料理更方便

廚房照明最重要的還是以功能性為主，假如有開放式中島或調酒吧檯，建議可在上方配置嵌燈加強照明之外，工作區的動線上方也能規劃嵌燈，提供作業區基本光線，同時在爐台區、備餐區的櫥櫃下方加裝簡易燈具，如此一來才能擁有足夠亮度的料理空間。

Ponit 9

酒櫃燈光選用琥珀色 LED 燈，兼具機能與氛圍

許多高級餐廳會在公共空間配置酒造，作為展示用途，但無論是何種酒，最怕的就是因高溫造成酒品風味變質，因此如要設置專業的酒櫃，建議不妨選用配設 LED 燈的酒櫃，優勢在於 LED 燈不發熱特性，一來能確保酒的品質不因溫度而變化，再者光源可選用 2400K 琥珀色，確保侍者能看清楚酒標年份，方便拿取。

Ponit 10

均勻色溫能突顯食物美感

有機餐廳為了強調新鮮感，多半會將蔬果食材集中擺放到空間某區，用以向消費者呈現店內餐點的安全與用料實在，因此當時食物集中擺放，這時不妨選用整排的吊燈打出明亮的均勻光線，照映在食物上，突顯食材本身色澤。因為食材顏色豐富多元，建議可使用 3000K 的黃光，其色溫最柔和，而踢腳燈則可打量局部地面空間，引導消費者依循動線欣賞或選購。

圖片提供＿直學設計

圖片提供__Formafatal、BoysPlayNice 攝影__Jakub Skokan、Martin Tuma

異想天開個性燈具，鋪成空間故事布局

於由餐廳想塑造的氣氛非常獨特，為滿足業主需求，本案大多數的燈具都是特別訂製的。入口休息室則設計了枝形吊燈，千絲萬縷的金屬吊燈從天花中央發散，彷彿煉金術士施法般魔幻，詮釋著月光與星夜的動人情境，營造出深沉而神奇的感覺。

供__木介空間設計

◤ 以軌道燈聚焦餐點，間接照明、吊燈作為情境輔助

由於毛房蔥柚鍋二層樓皆保留原始天花的屋高高度，1 樓多以軌道燈形式為主，利用投射燈聚焦於食物本身，另針對不同桌型搭配情境光源，像是 8 人中島選用不同高低層次的吊燈，2 人座位則是有如路燈般的造型燈具，製造空間的趣味與變化性，2 樓在既有斜屋頂、水泥屋瓦的結構下，除了利用黑色間接燈帶圈圍出新舊之間的時代感，也巧妙活用老木梯懸掛燈泡，結合植栽計畫，為老建築注入新的活力與綠意。

⬇ 隱晦光線形塑神祕氛圍

高級餐廳的 VIP 包廂被打造成深邃又迷人的神秘海底，帶有反射性光澤的牆面，像光線穿透海面來到海底，波光粼粼地閃爍著；另一側嵌入牆中的藍色水缸裡，悠游著水母和魚群，彷彿藏在海底隧當中的星光酒吧。另外弧形拱門像是將人導引進入深海的隧道，裡頭並非伸手不見五指的黑暗世界，而是星光點點的海洋酒吧，吧檯桌下方的照明帶來了戲劇性的探照燈效果，期待每位賓客入席。

提供__ A Work Of Substance、攝影__ Dennis Lo X Substance

善用洗牆燈營造神秘氛圍

位於地下室的酒吧有別於一般酒吧的昏暗封閉,利用來自下方投射的主要光源,加上宛如氣根垂墜的木材裝飾增加了空間層次與光影效果,彷彿從地底深處一路往上攀升的希望,反而給了一種蜷窩在溫暖土壤裡的安心氛圍。在此啜飲著蘊含土地能量與時間韻味的美酒,不管是獨自放鬆沉澱或與三五好友交心,彷彿隱喻著從土地與自然所擷取的養分,也要在此空間中以流動的情感來回饋。

暈黃燈光渲染月光意象

空間中並未使用亮度均勻的白色主燈,而是透過一盞盞暈黃燈光渲染氛圍,彷彿在靜謐的加勒比海灘上,曬著空寂遙遠而古老的月光,感受到非洲原始神話中,掌管月亮與太陽的女神「Mawu」的神秘力量;另外吧檯上的小型燈飾,也是採用月相盈虧的概念設計而成,以黃銅材質來表現月球的陰暗面,並透過燈柱的設計表現公轉自轉的概念,相當富有巧思與趣味性。

供__ Formafatal、BoysPlayNice 攝影__ Jakub Skokan、Martin Tuma

⬆ 迷幻燈光抽離日常感受

一踏入有著偌大的 Moon Club，牆上覆蓋著古銅色塗料成為串聯各個區域的共通語言，而裝飾元素的材料各不相同，有鍍鉻金屬板、深色燒木、老舊的彩色鏡面、裝飾畫與天鵝絨傢具，多種優雅濃烈的色彩相互組合，碰撞出中世紀的神祕氛圍。

圖片提供＿Formafatal、BoysPlayNice　攝影＿Jakub Skokan、Martin Tuma

⬆ 白光皎潔、黃光和煦，創造情境裡的多變心境

餐聽裡有著不同強度的燈光環境，包含隱藏的光源與刻意露出的光源。像是酒吧上方漂浮的月亮輪廓燈飾，設計團隊利用大型圓形吊燈搭配金屬吊墜組，當亮燈時，當白色光源會在玻璃天花板上產生反射，喚起繁星點點的夜晚；又或者在動線端景利用白光源模擬月暈效果，讓人行經其中不經意被喚起身處月球般的迷幻感。

◀ 以暖光營造慵懶放鬆的氛圍

為了讓空間內的聚光焦點集中在舞台區域，並營造整體慵懶放鬆的氛圍，空間內不用主燈而改以小型的鐵件燈飾與灰玻璃燈，一盞一盞點亮空間的層次感，伴隨著店內表演的迷人音浪，縈繞溫暖流動的感覺，讓人忘卻現實中的不安與煩惱。

▼ 點點繁星、照亮眼前美食

空間中沒有使用全亮照明，而是採用山稜隔間的裝飾燈與天花板上方的投射燈光，彷彿點點繁星灑落於山林之間，並且恰好照亮眼前的美食，不但豐富當下的感官享受，更成為 IG、FB 的打卡焦點。

◼ 朵朵綻放的銅色花語

從銅花特有的日本手工銅鍋為出發點，結合「銅」的質地與「花」的意象，設計者瓦解了傳統空間格局，在空間中舞出一朵又一朵的古銅色花朵，搭配格柵形成的穿透式隔間設計，讓顧客如置身在花叢中，用餐的隱私性也大為提升。

◼ 光影餘韻，讓空間設計更加迷人

設計的細節不單只講究材質與線條，適度與光結合，不僅能營造出好的氛圍，也能讓空間更加迷人。利旭恒嘗試在環境中導入不同的光源，如壁燈、投射燈等，不同方向的投射增添用餐氛圍，也將設計元素細細映襯。除了人工光源，利旭恒也適度地導入自然光源，在夕陽餘暉下帶出不一樣的空間表情。

圖片提供__ Formafatal、BoysPlayNice　攝影__ Jakub Skokan、Martin Tuma

↑　運用光的行進，打造沉浸的品味感動

位於餐廳 2 樓的煉金術士酒吧（alchemist bar），其以黃銅鑲板飾面，並利用腐蝕劑的化學特性，使之產生銅綠的痕跡，
再藉由切割讓光線以直射方式穿過面板過濾至吧檯，刻劃出月光迤邐的軌跡，編織出現實與夢境交疊感受。

◤◢↑ 氛圍照明細節貫穿全場

從店外開始的自然意象貫穿全店，環繞客席區周遭的天花造型，是由雙層的木作花窗構成、鏤空造型透出光影，其中以珪藻土施作的側牆，底部的山形飾板呼應鐵籠隔間的石塊堆，並以上下端的間接燈光突顯魚形浮雕增加動感。整間餐廳以低度照明營造沉穩舒適的氛圍，明暗有致的光影變化也帶出景深，讓大型空間能有不同的層次感。走道與鐵籠隔間底部皆設有光帶，並與天花崁燈共同打亮了鐵籠內的多孔浮石，成為另一個視覺焦點。

工業風酒吧的定番吊燈

位於莫斯科享有全球 50 大餐廳之一美名的 DOOR 19，是集結當代藝術塗鴉與酒吧的複合式餐廳，濃厚工業風色彩的餐廳內，吧檯運用定番吊燈讓酒品與食材看來更加美味，且光線由下往上柔和地照亮顧客的胸口處，客人的神情容貌就能變得更加柔和。

東西方元素揉合的氛圍藝術

C：Grill 餐廳的燈具設計以日本燈籠與寺廟晨鐘的概念出發，打造出一面燈牆，將日本元素畫龍點睛地展示於帶有海洋與西方元素藝術品的西式風格的餐廳之中，賓客在享受西式料理的過程中，仍能保有在日本的在地感。

⬆ 不同光線展現豐富的視覺

馬廄小酒館內以馬鞍型態的曲線架構鋪蓋牛皮則成為獨立的私人空間，燈光營造也用心，從地燈到天花的軌道燈，都讓空間舒服無壓。

➡ 以狹窄與鹵素燈感受溫暖

以摺紙為設計靈感，不避諱擁擠窄小的空間，位於加拿大蒙特婁的這間日式居酒屋刻意用不規則立面內壓縮的設計搭配上黃色溫暖的鹵素燈，讓人感受到無比溫暖。設計師選用演色性佳的鹵素燈泡、色溫約3000K 的種類，既可保有氣氛、也能方便員工作業。

圖片提供＿Formafatal、BoysPlayNice　攝影＿Jakub Skokan、Martin Tuma

⬆ 在自然與刻意間，拿捏最合適的光影嶄露型態

由於品牌主打神秘氛圍，因此規劃過程中，設計團隊並不強求自然採光的重要性，反而是想藉人造光的多
變趣味，將空間層次玩味得更徹底，讓身處其中的賓客愛上這種奇妙的神秘感；其中將玻璃燈管以陣列型
式組合，配上挑高充裕的格局進而營造繁星閃耀的視覺。

Part 4

再訪：新創價值

「顧客主動回訪」是鑑定品牌是否有口碑、吸引力的指標之一，然而在虛實整合時代下，單靠「食物好吃」已是基本條件，實體餐飲店鋪重要的是借力使力，在空間創造另番附加價值，幫品牌塑造鮮明個性與特色，並借助網絡把知名度擴散開來，做出不一樣的推廣。

[品 牌 創 意]

當餐飲空間不只提供用餐，更能賦予消費者有趣卻稀有的價值，是讓人潮願意回流光顧的關鍵之一，而創造空間「獨特性」便是其中方法，讓消費者人來到店內不全然只有用餐，有時還含有聚會用意，而為了滿足不同客源的需求，會嘗試在每個角落摻入不同的設計，以不同的元素去烘托空間，讓來客無論選擇哪個位置都有屬於那個角落的風景與故事，更能強化品牌專屬印象。

設計原則

Ponit 1
善用故事作包裝，讓品牌形象更鮮明

無論是新創品牌或老品牌轉型，皆可以加入故事包裝於空間規劃，好讓訴求、理念，甚至整體文化形象更明確。在用故事包裝時，可以從產品發跡過程、物料來源回溯起，以具溫度的故事情節，加深消費者對品牌的印象。值得一提的是，不少新手經營者在用故事包裝時，容易忽略其與產品本身的關聯性，既無法與商品產生很好的聯想，另也失去故事包裝手法的用意。

「柚一鍋 a Pomelo's Hot Pot」顧客除了來餐廳享用各式鍋物料理外，還提供柚子相關食品讓消費者選購。

Ponit 2
多層次的體驗

設計餐廳時不應該只有考慮到廚房與座位區，例如高級西餐廳的開放式廚房及牛排店的熟成冰箱等，都能讓顧客感染更多餐廳的文化，以及更多層次的餐飲體驗。近幾年來出現的複合店型或旗艦店型，除了提供餐飲之外還延伸發展其它相關事業，例如加入小型的販賣區或選物區，不僅塑造出與其他店家的差異化，也提供顧客更完整的體驗及服務。

Ponit 3

回到「身心合一」的實體空間

空間設計是實體環境的最終整合者，最基礎的是符合店家整體形象的空間設計，另一個是機能性是否符合經營與運作要求，以確保產品有最好的物理環境呈現。近年來，我們可以見到許多指標性的網路平台開始收購實體品牌與開店面，原因很簡單，以目前科技發展的階段，所謂的完整體驗還是必須回到「身心合一」的實體空間，更重要的是帶給我們不同以往的體驗，而網路與科技的發達，也影響了今日的空間體驗，設計師必須開始思考如何塑造許多的接觸點，例如拍照打卡的地方，或展示製作流程的開放式廚房，甚至到傢具的挑選及花藝設計等，讓顧客累積好感，並用五感去品味與感知這家店的價值，自然而然就比其他餐廳更有記憶點。

圖片提供＿直學設計

社群媒體的快速發展讓餐飲文化融入每個人的生活中，餐廳的任何角落或細節都可以變成拍照的元素，圖中店家為「柚一鍋 a Pomelo's Hot Pot」熱門拍照打卡點。

圖片提供__直學設計

Ponit 4
接觸性的亮點

用餐前先拍照再傳到 Facebook、Instagram 是多數現代人吃飯前必備的工作，不只是食物，連餐廳本身的裝潢都會被拍進去，因此不管是色彩繽紛的地磚、霓虹燈飾，或是店主的收藏品都可作為拍照的元素，所以設計師在打造整體餐飲體驗時，可以考慮增加一些與餐飲本身相關以及具特色的亮點，例如入口處可以營造顧客的拍照區，或是在餐廳內設計一些有趣小角落，讓顧客在用餐時還可以到處逛逛。

Ponit 5
打造完整體驗，成為顧客心中經典的餐廳

隨著餐飲業競爭愈加激烈，行銷的方式也越來越多，現在的顧客容易因為餐廳新奇有趣的設計而來，這樣的情況容易導致顧客下次不會再次光顧，因此有它的隱憂存在。一家新開的餐廳應該是要靠本身的實力去吸引顧客，讓消費者在第一次體驗之後，喜歡上店家的餐點、空間氛圍甚至是服務，所以餐廳應該避免變成一次性的打卡店，而是要變成顧客每隔一段時間就要造訪的打卡點，以及會想經常光顧的店家，到最終成為一家台灣經典的餐廳。

圖供__古魯奇建築諮詢有限公司

材質與創新科技，把人帶入不同地域場景裡

餐廳裡有濃鬱的紫禁城感受，自然也會有宮外的最接地氣的北京胡同，樸實的灰色北京灰可以說是北京胡同的代表色，灰磚更是老北京胡同裡的最重要元素之一，因此利旭恒將灰磚使用在許多過度的廊道空間，這讓溫哥華的消費者彷彿能立刻穿越走在老北京胡同裡。另外，設計者也結合科技創造不同的視覺饗宴，在其中一個特殊包廂空間裡，結合高科技 5D 技術達成全沉浸式視覺藝術餐飲體驗，影向的帶領下感受北京裡的城市韻味。

圖供__古魯奇建築諮詢有限公司

圖片提供＿隈研吾建築都市設計事務所 攝影＿西川公朗寫真事務所

↑ 回歸自我的純淨體驗

Nacrée 的空間設計創造出一種非日常性的曖昧體驗。當人們走進以透明壓克力管刻意排列如林間小路的蜿蜒空間，恍惚的光影像是走入霧中森林，隔絕一切外界干擾回到自我本身，在用餐前進入外界與自我的轉換，先滌淨心靈放下外界喧嘩，把注意力拉回到餐點本身，強化料理所帶來的體驗。壓克力不只作為隔間，同時還是燈具材質。當局部注入光線時，反而會製造出糊化的視覺效果，形成虛與實流動交錯的曖昧美感。

⇒ 尊榮待客吸睛回訪

店內有 400 席客席，用餐以預約為主，為免顧客等待叫號久候，在店外的公共空間設置了座位區，包覆皮革沙發墊的長椅能舒適坐著聊天，訂製的側桌則可擱放免費茶飲，讓客人有憩息空間。

圖片提供＿周易設計工作室

提供＿周易設計工作室

◣ 復刻日本夏日祭典風情

清水模外型、古民居揉合稻草的白色牆面、太鼓陣、如藍天上漂浮雲絮的巨型燈飾、巨大酒桶燈飾，令人遙想日本夏日的熱情祭典，帶出用餐的歡樂氣氛。錯落的格柵如京都民居的窗外遮板、分隔座位區的木製屏風有和室拉門的意象，走道上的竹製燈籠更讓人以為正走在日本溫泉旅館內，不同的日本文化意象將空間屬性巧妙分割，更有種假性出國的旅遊快感。

◥ 天空之城的低調奢華

位於 33 ～ 40 樓的大阪康萊德酒店，把大廳跟餐廳放置在 39 樓與 40 樓，讓用餐的客人在 180 公尺的高空一邊享受美食、一邊鳥瞰壯麗的大阪都市景觀，有種位在天空之城的尊榮感。C：Grill 最吸睛的就是大阪的無敵天際線，將高空風景完美收框在餐廳幾乎落地的大面玻璃窗之中。KURA 餐廳則是將日本漆的質感展現於大片牆面上，搭配日本特有的和紙，隱隱渲染出日式韻味。

圖片提供＿橋本夕紀夫設計工作室

圖片提供＿隈研吾建築都市設計事務所，攝影＿Jeremy-Bittermann

⬆ 回應當地風土民情，與環境人文產生共鳴

竹簾帶出日式料理的氛圍，也借鑑自日本料亭的庭園，利用店內一角設置了一區和室存在，有個享受日式盤
坐用餐的空間。座位區下方的光帶營造出空間感，也增加了用餐的儀式性。餐廳的地板材質選用深木色地磚，
視覺上與木頭地板相同，卻又能與街景地面融合一體不致突兀，這就是隈研吾一再堅持的，選用在地材質，
不自外於當地景觀，以空間設計回應在地環境文化與風土民情。

提供＿心潮飯店

◨ 拼貼式花磚地面暗藏品牌識別色系，以圓拱門帶出中式氣息

店面內所鋪設的花磚暗藏了心潮飯店的品牌識別色系－綠、紅、白，在在回扣品牌的意象，且有效地整合了空間的整體色調，輕亮的地面色彩亦得以緩和深色的木質調性以及較為厚重的天鵝絨與大理石材質。用餐空間與廚房之間的過道以中式庭園式的圓形拱門作為過渡，呼應牆面上的圓形窗框，使人產生從洞中一窺廚房內景的視覺感。此外，壁面上的圓形窗框實則為可播放影片的屏幕，從中可看見一條魚兒悠游著，雖為動畫，遠看卻有幾分真實，頗有意趣。

提供＿永心鳳茶

◨ 拱形花窗元素堆疊復古氣息，間接照明展現輕奢感

以復古風格為主調的永心鳳茶，在呈現懷舊之餘，也希望能提煉出輕奢高級感，使飲茶的氛圍得以昇華，故以沉穩優雅的深藍為空間的主色調，輔以暖橘對比色，與暖咖色的皮椅沙發互相呼應。擷取了拱門與復古花窗元素，於壁面營造對外窗景的視覺效果，於窗框內部裝上鏡面使其得以映照室內空間，豐富了空間尺度的層次感。

圖片提供__永心鳳茶

↑ → 霓虹招牌注入新意，回應社群行銷熱潮

基於社群行銷的熱潮，餐飲空間設計開始需要投入
心力於陳設與裝飾層面置入巧思，設法使拍攝的畫
面能具有亮點，而符合年輕世代的喜好、擷取新世
代的設計語彙便顯得十分重要。霓虹燈條同時具備
了復古與新潮的意味，永心鳳茶於壁面懸掛結合了
LOGO圖案的裝飾燈，在在傳達了「喝茶也能有
時尚感」的品牌精神，不僅成為消費者來店必拍的
空間亮點，也讓鎖定的客群年齡層得以拓展到年輕
世代。

圖片提供__永心鳳茶

巧用中藥店形象翻轉大眾飲茶印象，空間升級優化飲茶體驗

新復古風潮正興，思考空間設計時，可琢磨如何讓新舊、東西元素相互激撞出令人驚艷的火花。永心鳳茶巧用中藥店舖的形象來打造製作飲品的吧檯，也成為最關鍵的入口門面設計，而在濃厚的復古氛圍中，卻以帶有西方語彙的紅酒杯作為飲茶杯具，此種矛盾便能成為烙印人心的亮點，因此在升級空間設計之餘，也需從器皿、擺盤等處思考如何優化餐飲的體驗。

◤ 以藏經閣概念表述「東方文化沙龍」意象

被賦予了東方文化沙龍定位的舊振南餅店，設計師以鐵件製成樓梯兼書架，引用了藏經閣的概念，希望能完整其文化意象。由於漢餅烘焙是亞洲特有的餅文化，因而亦以藏經閣的概念鼓勵品牌以東道主的身分，廣泛收集資料並出版相關書籍，使品牌不僅僅是製作漢餅的專家，亦成為傳承的起點。須注意的是，在思考陳列時，亦須以文化意象為出發點，讓每一個元素的擺放都有其意義，而非僅是為了填滿視覺畫面。

◣ 一間間樹屋構成不同的兒童體驗空間

「樹屋」的概念貫穿了整個維塔蘭德親子餐廳的空間設計，一個個錯落在空間裡的小房子構成了不同的兒童體驗空間，與就餐的大堂形成半圍繞的結構，空間疏密相互呼應。由於樹屋是採取鏤空或具穿透性的，那道隱形的線不干擾各自家庭用餐的時光，中間當有小孩任意走動，家人也能隨時關照到一切，相當安心。

↑ **原住民圖騰局部點綴，強化文化意象**

在思考空間裝飾時，可以從品牌的文化定位著手，主打以法式料理融合原住民在地食材的 AKAME，在使用紅銅金屬表現精緻氛圍之餘，於入口轉角處的壁面與立柱上，以磁磚拼貼的方式呈現具辨識度的原住民圖騰，使品牌中不可或缺的原住民文化不言自明，熱情奔放的色彩也為門面加分不少。

← **以親水平台串連歷史、增加留客率**

空間後方的溪流，過去曾有氾濫淹水的紀錄，而這樣的歷史記憶反而成為設計時逆向思考的關鍵；地景與人文之間息息相關，除了靠行政單位的整治之外，更需要居民改變心態與思維，若能將溪流融為日常的一環，自然就會以更積極的行動避免汙染。透過親水平台的規劃，水圳可以從嫌惡的負面印象轉化為城市景觀，無形中也拉長了消費者停留的時間與意願。

圖片提供＿古魯奇建築諮詢有限公司

▲ ■ 增進家人互動又安全的學習體驗

為了能讓家人與孩童多一點互動，利旭恒在維塔
蘭德親子餐廳裡，規劃了不同的主題體驗區、遊
戲區等，像是料理的體驗區，大人小孩可以一同
透過遊戲的引導學習料理、認識食物，甚至是烹
調用具等；設計者也利用空間優勢製造了一座球
池，在環境中所設的樹屋裡造了一座滑梯，從玩
樂中學習攀爬、運動，大人安心、孩童則玩得不
亦樂乎。

圖片提供＿古魯奇建築諮詢有限公司

圖片提供＿木介空間設計

生活選物自然融入空間，傳遞品牌概念

台南中型鍋物料理的選擇不多，除了空間上以老房子的魅力創造特殊性之外，毛房蔥柚鍋從食材、器具的使用皆令人留下深刻印象，例如日本手打銅鍋、日本大蔥、日本水菜等，不只是在店內能品嘗到這些無毒小農食材，入口處也特別設立毛房生活選物區，讓客人也能選購喜愛的小農蔬菜、調味料、銅鍋等回家料理，感受店主精選食材的用心，吸引其再度回訪的意願。

圖片提供＿力口建築

老瓶新酒，用歲月痕跡豐厚空間韻味

店址前身為 60 幾年的老診所，翻修時保留了磨石子地板、大理石牆面、天井和老樓梯等元素，這些經過歲月打磨的素材與痕跡，與翻修的新元素融合，使空間呈現靜謐沉穩卻又充滿活力的舒服氣質。3 樓天井用鏤空鐵格柵與透明玻璃圈圍出休憩平台，2 樓天井則以懸吊手法佈置綠意，當光線由上而下穿透，無論人與人的交流，或是植栽與空間的對話，皆能自在舒展、滋養身心。

圖片提供＿古魯奇建築諮詢有限公司

🏠 從孩童視角出發造就適合的設計

大廳的盡頭便是整個空間最最有趣的樹屋聚落，層錯的小屋裡有彩色的玻璃窗，透過玻璃顏色做到區分空間，同時又與視覺系統相呼應。下層的小屋是包廂、兒童的休息室。而樓上層高不足 1.5 米的空間被設計成為又一不同主題的兒童體驗空間，這個層高對於成年人而言需要彎腰才能進入，但是對於孩子而言卻是恰恰合適而又充滿安全感。

圖片提供_力口建築

善用廊道創造複合式效益

刻意將建物拆分為兩個區塊；左側為商品原料儲藏區，右側則為製作販售區。兩區之間所形成的廊道，除了是通往親水平台的路徑之外，鮮豔的色彩浪板搭配拱型門框，立馬變身拍照打卡的華麗背景。而透明窗規劃，讓製作流程可以毫無保留地呈現在顧客眼前，既能成為候餐時的職人風景，也創造出乾淨衛生的品牌印象，對於提升消費者好感度有正面助益。

活動店面 + 親水平台，深化品牌精神

案例店址位於馬路交會處且為畸零地，為提升商家辨識度及區位安全性，刻意選用鮮亮銘黃強化印象，同時也作為路面醒目警示，令個體形象與外部環境能互利共榮。刻意將建物構造切成兩部分，藉由短廊延伸導引，將後方溪流納為設計一環；原本單純的消費模式，因有了親水元素增加，以及活動式門面的趣味變化，得以升級為「方便、悠閒」的品牌精神的營造，無形中也加深居民與環境的情感羈絆。

圖片提供_力口建築

CHAPTER
3

吸睛餐飲空間
作品解析

本章精選四例國內外吸睛餐飲空間作品，包含「高級餐飲類別」與「大眾餐廳類別」，透過完整個案採訪與介紹，配合平面圖層層分析，賦予讀者在規劃不同市場定位的品牌時，另種當代餐飲空間設計的多元思考模式。

☕ **高級餐廳類別**

☕ **大眾餐館類別**

高級餐廳

高級餐廳用餐時間長，且相較大眾餐廳，消費者更在乎品牌給予的用餐體驗，當然也對整體空間的情調氛圍更加講究，然而比起「看」得到的設計，不如「感受」得到更重要，太多華麗的裝潢反而使人麻木，作為服務高端顧客的用餐空間，設計師應該更重視比例與動線設計的整理，創造讓人身心舒緩的環境，也為品牌留下良好印象。

｜外觀設計｜

Point 1 藉由拉長入口距離，刻意營造神秘感

為展現高級餐廳的高貴感，藉由拉長消費者從大門、庭院到室內入口的距離是種設計策略，無論是尺度宏偉的戶外階梯，或是深幽卻散發琥珀色的大門過道，都能讓人在尚未踏入用餐空間時，就感受到整體氣勢或神秘，進而引發消費者的好奇心，因此設計師在最初就將「顧客如何進入空間」的形式想清楚，其實就是開始營造用餐體驗的關鍵之一。

Point 2 善用立面建材形塑高級大氣感

高級餐廳本身就多以私人制或提前預約為主，因此選擇在此消費的顧客多半已清楚品牌定位或所在位置，屬於特地前往的客群，反而過路客的重要性就不高，這連帶影響餐廳的招牌常以低調內斂的簡約風格呈現，這時可藉由立面建材本身的語彙來傳達品牌個性，例如善用大面積的鏡面或反光材質來強調餐廳的氣勢。

｜動線設計｜

Point 1 創造尺度充裕的過道空間

由於是高檔用餐環境，因此在有限的空間內，設計師可運用材質、動線、座位佈局加大空間視覺感，並在動線規劃上提供舒適感，一方面讓服務人員接待、帶位作業順暢，彼此服務過程中不會相撞；再者，消費者用餐過程中也能從容如廁，甚至在桌邊結完帳後，也能低調漫步離席，不會產生過多桌椅碰撞的聲響。

Point 2 所有主次動線都可以是時尚伸展台

　　不論是高級餐館或私人會所，設計師可利用迂迴的手法，創造出延遲的空間動線，並巧妙融合空間中的高低差，讓消費者在移動行進之間，意識到觀看被看的趣味，豐富並深化人與人、人與空間的互動交流，讓品牌自有獨特的時尚魅力。

座位設計

Point 1 提供分區化妝間，讓服務更貼心到位

　　高級餐廳的洗手間設計至關緊要，也是客人對於整體服務感受性最強的區域，假如空間坪數充裕，建議設計師將男士化妝間、女士化妝間與無障礙廁所拆開設計，讓可使用的尺度更為寬敞，一來消費者不須排隊如廁，延續良好的體驗感；再者此種分流設計，也能確保工作人員清理時更能一次到位，不會因尺度過大而慌於清掃失誤；或者是以包廂概念設計單人洗手間，其中每間都配設獨立鏡面洗手台，保有客人隱私。

Point 2 首重顧客隱私感

　　高級餐廳的座位依樣可分為公共區域與私人包廂，其中前者常以兩人座居多，多人座次之，而後者多半有全封閉或半封閉式的包廂設計，用來保有顧客的隱私，以及提供更完善的桌邊服務。加上高級餐廳鮮少有併桌需求，因此桌距之間的距離也會相較大眾餐廳寬敞許多。

材質與燈光設計

Point 1 善用吸音材質創造良好的用餐音場環境

　　聲音也是高級餐廳設計裡舉足輕重的細節元素，從刀叉的撞擊、人們交談聲到背景音樂等，皆可創造出迷人卻不干擾的良好用餐氣氛，然而想要有以上效果，牽涉到空間的樓高與使用建材。例如挑高天花雖具有氣勢，卻容易形成回音過大的音場環境，這時輔以天鵝絨、毛氈等吸音性佳的軟裝，便可有效吸收多餘的雜音，降低用餐時的外部干擾。

Point 2 透過無形的燈光，形塑有形的空間層次感

　　高級餐廳在配置整體空間照明時，以桌面為照明目標的下照燈最為重要，最好能將光線控制在可稍微照到臉部的程度，其中淺色桌面會反射光線，讓人的表情更加華麗豐富，而天花板照明與桌面的反射光應以 7：3 為標準。但假使來自天花板的強光打在深色桌面上，照度差距也會因此變大，容易造成眼睛感到疲憊，這時最好以藉由牆面的間接照明（如洗牆燈），或檯面過道下方 LED 線燈輔助，讓整體空間的光線有主從、層次之分。

精緻與奢華的
餐飲饗宴

Cantina di David Restaurant

Project Data

作品名稱／ Cantina di David Restaurant

地點／荷蘭烏特勒支市

項目面積／約 151 坪（500m²）

設計暨圖片提供／ Brendan Bakker

2018 年彭博雜誌宣告著 Fine Dining 強勢回歸，飲食文化與餐飲空間都發生了相當大震盪，而這股文化運動的醞釀更是承載了過去十年嚮往鬆綁，開放的 Smart Casual Dining 的精神，大幅修潤了精緻餐飲的場景，從而提供設計師更自由的想像，在這股風潮下，Cantina di David Restaurant 邀請設計師 Brendan Bakker，共同將一處 13 世紀的濕冷地窖轉型為道地的義大利美食饗宴場域。

　　漫步在荷蘭烏特勒支市中心舊運河（Oudegracht）兩側，稍微不留意就會錯失中下層河堤旁的十三世地窖建築，這些始建於 1150 年、連綿並排的地窖空間，在中古世紀是船隻停靠卸貨的貨艙，也曾有過商人在此精釀啤酒、販賣紅酒及種植蘑菇的商業行為，直至十九世紀末期，則變成餐廳及娛樂場所構築而成的帶狀中心，其中 Cantina di David Restaurant（以下簡稱 Cantina）就隱身在這 5 公里長的地窖建築群之中，低調地在歷史悠久的古跡裡向眾人展現義大利經典美食。品牌希望餐飲空間能呼應地窖過往的特殊釀酒文化，因此設計師 Brendan Bakker 秉持如此理念，善用燈光與各種材質元素做出氛圍，試圖與在地環境做出了相當深刻的回應。

尊重原有建物織理，讓設計輕柔發揮在各處空間

　　由於品牌本身是一家經營多年的義大利餐廳，因此口碑早有一定知名度與影響力，面對再度改造，首要課題便是聚焦於將「現代義大利精緻餐飲」的經驗內化到室內設計，在謹慎分析地窖的建築及歷史後，設計團隊在設計上讓後天裝飾盡量低調地存在，從而反映出地窖空間的真正尺寸，並且讓人們在踏入之際一眼就能感受「新」、「舊」之間那自然且和諧的並存關係。

　　在初步溝通階段，設計團隊就參與整體營運計劃的討論，且設法將「義大利精緻餐飲」的概念升華，而這種讓設計師充分且積極地參與營運面的溝通模式，讓設計團隊得以編織出此案的獨特性，「餐飲空間之所以能順俐落實，業主、品牌方的支持是非常重要的主因。」Brendan Bakker 分享，例如設計團隊將沙發配置靠牆，而中央走道側則配置活動的桌子跟椅子，讓餐廳因應客群各異而選擇拼桌或分桌，從而保留空間使用上的彈性，為的就是滿足業主期望打造一處滿足多人聚餐與雙人用餐的親密互動（Intimate Dining Experience）餐飲空間；另外設計團隊選擇將廚房配置在中央酒窖的後側，好讓員工較易將餐點送往不同的地窖，而酒吧區配置在另一地窖，是為了避免與忙碌的廚房產生動線上的干涉，廁所則被配置在遠離廚房的左右地窖。

　　除此之外，考量地窖沒有日照等光線易顯冰冷，因此設計團隊善用暖色調的軟裝元素，例如充滿溫

度的手工座椅與燈具，其中燈光計畫可分成 3 個部分，首先是主要照明，像是毛氈天花板下的大型可調式燈具；再者是焦點照明，例如吧檯面上的手工吊燈，其成功在整體空間中創造了視覺點綴亮點；第三部分則是負責暗區的背光燈，其運用在視覺端景的紅酒架牆，除了達到柔和的視覺效果，也能巧妙化解因晦暗造成的不便。

　　最後，Brendan Bakker 總結出此案的成功要點，首先，既有的基地環境是本案獨特且新穎的要素之一，而要在冷冽、黑暗的酒窖裡創造溫暖、愉悅，且富有奢華感的餐飲空間，除了善於發揮各種美學手法，功能也是不可忽視的需求，當空間配置無法讓人妥善運用，是很難稱為好設計的，所以創造舒適易走的動線，並兼具良好交流場域是本案成功核心之一。

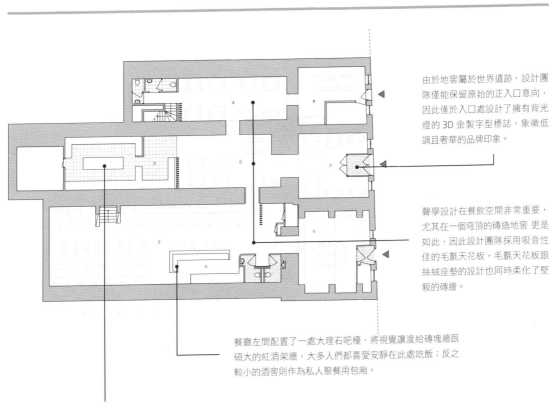

由於地窖屬於世界遺跡，設計團隊僅能保留原始的正入口意向，因此僅於入口處設計了擁有背光燈的 3D 金製字型標誌，象徵低調且奢華的品牌印象。

聲學設計在餐飲空間非常重要，尤其在一個彎頂的磚造地窖 更是如此，因此設計團隊採用吸音性佳的毛氈天花板，毛氈天花板跟絲絨座墊的設計也同時柔化了堅毅的磚牆。

餐廳左間配置了一處大理石吧檯，將視覺讓渡給磚塊牆跟碩大的紅酒架牆，大多人們都喜愛安靜在此處吃飯；反之較小的酒窖則作為私人聚餐用包廂。

將廚房配置在中央酒窖的後側，好讓員工較易將餐點送往不同的地窖，而將酒吧區配置在臨側地窖，是為了避免與忙碌的廚房產生動線上的干涉。

空間規劃

動線

善用動線規劃佈局空間層次

中央的酒窖是餐廳主入口，而廚房則是整體設計的中心，顧客一入門便能看到、聽到及聞到典型的「喧鬧的義大利式廚房」，而這種一目了然的直接性是必要的；另外餐廳左間配置了一處大理石吧檯，將視覺讓渡給磚塊牆跟碩大的紅酒架牆，大多人們都喜愛安靜在此處吃飯，反之較小的酒窖則作為私人聚餐用包廂。

入口 **讓既有空間魅力吸引來客興趣**

由於這些中世紀地窖屬於世界遺跡,設計團隊僅能保留原始的正入口意向,雖説餐廳店址設立於地下室貌似脱離商業常理,但在「義大利精緻餐飲」風潮下,反而強化了「都市裡意外的驚喜」的獨特概念,這種關聯性也能在顧客腦海裡種下相當的奢華想像,因此設計團體僅於入口處設計了擁有背光燈的 3D 金製字型標誌,象徵低調且奢華的品牌印象。

細節體驗

材質 **奢華的架構從基礎做起**

聲音、觸感及的光源是本案創造奢華感的主要元素,因此在設計餐飲空間時對的聲學設定往往非常重要,尤其在一個穹頂的磚造地窖更是如此,因此設計團隊採用了吸音性能高的毛氈天花板,毛氈天花板跟絲絨座墊的設計則柔化了由厚重的磚塊主導的歷史視覺架構,也讓人們在席間活動時獲得柔和的反饋。

創
新
價
值

鎖定高端客群，提供專屬服務

翻桌率是餐飲空間設計極其重要的考量因子，然而此案想強調的是「精緻的餐飲經驗」，因此每天下午各桌僅會接待一組客人，也確保桌與桌之間能維持適當寬闊的距離，另外品牌採用亞麻質地的桌面，暗示著顧客的尊貴性，並鼓勵他們花更多的時間享受這些長時間製成的美食與美酒，透過種種尊貴服務與奢華元素置入，讓品牌符合「精緻餐飲」的市場定位。

設計心法

保留地窖的神秘魅力，不置入過多人為設計。
空間設計秉持義大利餐廳的經典配置。
透過多變的手工軟裝品增添溫暖氛圍。

深海裡的絢麗饗宴

Catch

Project Data
作品名稱／Catch（魚料理餐廳）
地點／烏克蘭基輔
項目面積／約 169.4 坪（560m²）
設計暨圖片提供／YODEZEEN

供應鮮美海味的魚料理餐廳品牌「Catch」，座落於烏克蘭老城中，其以華麗的歐式工業風格詮釋了海的夢幻，自然調性搭配金屬、玻璃，以及深色天花的組合，讓人猶如身處大海般，而用餐者也彷彿出席了一場位於深海的豪華派對。

Catch 為一間擁有獨特概念的魚料理餐廳，旨於提供大眾新鮮的海鮮產品，其座落於烏克蘭基輔市中心一處深富歷史紋理的 Volodymyrska 大街，該街區坐擁無數座年代久遠的老建築，站在街頭，能一次將極具歷史薰陶的老城風景盡收眼底，而 Catch 魚料理餐廳正與這些古老且最能代表基輔的歷史建築群為鄰，以神秘又時尚的姿態，提供大家閒聊敍舊地方之餘，更能享有高水準的美味饗宴。

形塑品牌精緻奢華感，讓用餐體驗更加深刻

品牌業主 La Famiglia 表示，他們期望與設計團隊 YODEZEEN 共同催生這間首都內最具規模的海鮮選貨店，除了新鮮海味，品牌更羅搜 150 種香檳與各式不同種類的白酒供客人選擇，而設計團隊考量品牌方想保有「海鮮餐廳」的本質，故將整體室內的設計核心鎖定在「海洋」這個主題上，包含海洋的顏色、海底生物、藻類等元素，並透過極簡的後現代工業風手法呈現。

設計團隊表示，由於品牌空間恰好位於一處歷史建物上，且只有 4 個月的時程能完工，因此整個餐廳的重建工程相當嚴苛，包含考量哪些元素該保留？哪些該沿用？皆是設計團隊與品牌方需要共同決策的，「建物在未經改造前的整體狀況相當混亂，初訪這裡的印象令人震驚，它有著大量不必要的裝飾，多個高差將空間劃分成了相當零碎的空間。」設計團隊表示，於是經過考量後，他們採取最大膽的策略之一便是拆解原本舊建築內部的所有高層差與陽台，將整體高層重新定義，整理成較適合用餐的環境，也因此新增了佔地 70 平方公尺的宴會廳新夾層；此處空間以深黑色的螺旋鐵梯優雅的串聯，將室內大部分空間予以挑空，用建物本身的空間高度創造出極具張力的一樓主要用餐區，更將長側窗立面取代掉舊窗，讓顧客在充滿空氣與光線的空間氛圍下用餐。

整體配置上，1 樓空間依據用餐形式劃分為「公共吧檯區」與「主要用餐區」，尤其後者的座位除了規劃符合大部分商務性質使用的 4 ～ 5 人座之外，更特別在空間中央設計一區可同時容納 20 人的公共吧檯用餐區，設計團隊解釋，對於大部分歐洲國家來說，陌生人同時在公桌上用餐相當常見，但有鑒於公桌形式在烏克蘭並不常見，因此他們特地將這樣的用餐形式帶入餐廳，賦予品牌特殊的用餐飲體驗，其中細看吧檯桌，它本身的檯面比一般用餐桌略高，一來容易成為整體空間的視覺焦點，再者橡木材質搭配深藍色皮革的舒適座椅，更賦予舊建築另番新活水。

　　除了硬體規劃，設計團隊更在燈光部分下足苦心，尤其為了讓白天與夜晚呈現不同氛圍，他們分別採用暖白光作為主要照明，並搭配點綴式的細節照明，後者能依據餐廳需求創造各式燈光效果，其中主桌區更以 Expolight Lighting Studio（燈飾工作室）的華麗吊燈做作為主視覺，此款燈飾是由 450 個燈泡組合而成，彷若藝術品般懸掛在吊掛於主桌上方，加上周邊配有鏡面、霧面等裝飾建材，間接反射出細微亮點，創造相當豐富的空間層次。另外在材質部分，設計團隊選用大量自然材質，從大理石吧檯、帶有藻類的海藍色釉質面磚、粗磚砌牆、黃銅金屬、橡木地板，甚至搭配幾株鮮綠的橄欖樹平衡偏冷調的餐廳氛圍，YODEZEEN 選用的每項材質，最終皆是企圖創造極具風格的品牌奢華感。

2 樓空間延續 1 樓的設計佈局，使用華麗的燈飾為主視覺並以暗色系天花襯托，再以天然材料地板與沈穩的深藍色系座椅搭配，深化置身海底的用餐情境。

主用餐區內多採用未經加工或粗糙表面的材質，舉凡砌磚牆、混凝土柱等，透過較為紮實的材料加深老建築深富的時代感。

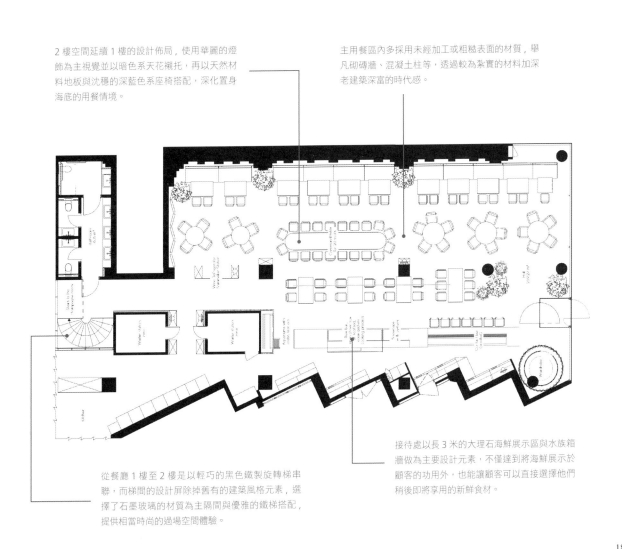

從餐廳 1 樓至 2 樓是以輕巧的黑色鐵製旋轉梯串聯，而梯間的設計屏除掉舊有的建築風格元素，選擇了石墨玻璃的材質為主隔間與優雅的鐵梯搭配，提供相當時尚的過場空間體驗。

接待處以長 3 米的大理石海鮮展示區與水族箱牆做為主要設計元素，不僅達到將海鮮展示於顧客的功用外，也能讓顧客可以直接選擇他們稍後即將享用的新鮮食材。

動線

老空間植入嶄新格局

1 樓配置依據用餐形式分為「公桌吧台區」與「主要用餐區」，前者能一次容納 20 人，後者則是符合大部分商務性質使用的 4 ～ 5 人座設計；2 樓則配置了容納 14 人的中小型宴會廳，滿足顧客私人聚會之用。

搶鏡亮點

入口 **藉由海鮮展示區創造品牌話題性**

接待處以長 3 米的大理石海鮮展示區與水族箱牆做為主要設計元素，不僅達到將展示海鮮的功用外，也能讓顧客可以直接選擇他們稍後即將享用的新鮮食材；同時，運用在展示櫃後方的高酒櫃，為 4.8 公尺高的主體空間塑造極具豐富的空間層次。

行銷

重視用餐體驗，深化品牌印象

設計團隊在精心規劃如何用空間設計留住消費者
的層面上費盡了巧思，像是刻意打開廚房的窗讓客
人欣賞整個烹煮過程，與特別安排陳列著食材的
吧檯區域，都企圖想拉近消費者與食物間的距離；
同時，在顧慮使用族群多為商務用途的考量，希望
維持白天輕鬆愜意的氣氛，晚上又不失浪漫的情況
下，設計團隊必須非常嚴謹控制每個設計元素的搭
配有傳達到主要設計概念，創造消費者在視覺與感
知上的平衡。

細
節
體
驗

| 材質 | 粗獷與精緻之間相融混搭

主用餐區內多採用未經加工或粗糙表面的材質，舉凡砌磚牆、混凝土柱等，透過這些較為紮實的材料加深老建築深富的時代感；除此之外，為了帶出品牌更為細緻的感官體驗，設計團隊搭配輕盈的玻璃燈飾、玻璃隔間、黃銅細部、大理石桌面、老皮革等極富光澤感的軟裝，在重與輕兩種元素間權衡，完美呈現出粗獷中帶有細緻優雅格調的用餐氛圍。

設計心法

重視軟裝與燈光的細節鋪陳，形塑品牌高冷神祕氛圍。
將動線與座位佈局的重新規劃，加深消費者用餐體驗。
保留古建物的樸質美感，並從中增添新時代的設計語彙。

走入櫻花夢境，
浪漫絕美的粉紅空間

櫻久讓

Project Data
作品名稱／櫻久讓
地點／中國上海
項目面積／約 60.5 坪（200m²）
設計暨圖片提供／上海黑泡泡建築裝飾設計工程有限公司

本案打破一般人對懷石料理餐廳的簡約印象，上海黑泡泡建築裝飾設計工程有限公司捨棄昂貴或特殊材質去營造氣氛，反而透過強烈的色彩與燈光做出虛實交錯的空間設計，除了讓顧客感受到強烈的視覺衝擊，也迎合了年輕世代對於新鮮感的追求。

位於中國上海衡山坊的「櫻久讓」是間日本懷石料理餐廳，復古洋樓的外觀看來低調沈穩，進門後迎面而來卻是與外觀截然不同的強大視覺衝擊，粉紅色與金色交織的空間是由曾經擔任 2010 年上海世博會上海館總的設計師孫天文主創，他以日本櫻花雨的浪漫愛情為靈感來源，打破一般人對日本懷石料理用餐環境的制式印象，讓顧客置身於滿眼粉紅的櫻花雨中，與料理來場感官盡興的愛戀纏綣。

櫻久讓空間的設計主題從「櫻花」與「露珠」這兩種短暫並有存在期限的象徵作為主體標的，除了與餐廳強調使用每日空運的當季限量食材與無菜單料理的理念結合，在空間視覺上，則是以玻璃作為隔間主體，讓整個餐廳空間顯得虛實交錯，打破案件本身空間不大的先天限制，又能讓座位得到區隔的效果保有一定程度的私密性，讓顧客彷彿進入了櫻花迷宮，展現出虛實結合、晶瑩剔透的裝飾效果，就像是身處於充滿少女心的夢幻泡泡當中，讓人印象深刻。孫天文跳脫一般配合懷石料理產生的簡約設計想法，希望強化品牌與設計間的臍帶關係，因為針對餐廳名稱與品牌做出個性化設計，不僅能帶來強大渲染力，還能增加品牌識別性，好在上海這個競爭激烈的餐飲戰場上迅速打開知名度。

承接此案的他也與業主持續溝通，希望在室內用餐環境的設計上別出心裁，透過個性化的設計強化消費者對餐廳的最初印象，也會餐廳名字被消費者牢牢記住，因此從店名「櫻久讓」出發，將餐廳名稱與設計主題緊密貼合，產生了這個漫天櫻花綻放，非常女性化、強調唯美與浪漫的設計空間。

虛實交錯的夢遊仙境

位在老建築裡的櫻久讓，因應建築外形無法改動與空間不大的限制，轉而透過燈光設計來攫取顧客注意力，這些營造氣氛的有色燈光可以根據不同需求進行變色轉換，考慮到有色燈光的溢色會使食物的色彩偏離，影響用餐時的視覺與味覺觀感，因此在每個餐桌下方都設有 1800K 色溫的燈光，利用這些光線來校正有色燈光的溢色問題。而位於餐桌上方的投射燈則使用 2700K 色溫、顯色指數 98 的燈具，這些上方的燈光用於還原食物本色，不讓用餐的興味反被巧思破壞，讓顧客可以好好體驗在櫻花雨中享用日本懷石料理的唯美感。

　　由於整體空間只有 60.5 坪，且須分為兩層樓使用，因此 1 樓空間主要放置能展現廚師料理功力的吧檯座位區與 1 個包廂，包廂外觀採用格子窗設計，複製了日式拉門的優雅，而地板設計的區塊感與高度則是營造出在榻榻米上用餐的日式感；2 樓則是劃分成包廂區與卡座區，金色桌椅搭配著漫無邊際的粉色櫻花形成對比，在燈光微微變幻中，一朵朵綻放的櫻花與一顆顆剔透的露珠相會，一邊用餐一邊被生動的櫻花盛宴包圍，有著不可思議的幸福感。在此空間裡用餐，既有在櫻花映照下用餐的絕美，透過燈光轉換加上金色的壽司檯，也彷彿處於夕照金閣寺的華美中，成為風景畫片當中的一份子。

　　除了空間上設計的巧思，櫻久讓櫻按照各個季節的不同元素，從日本訂製了純手工陶瓷餐具，依照季節變換輪替使用，來呈現出四季的食材變換與時令美感。春夏待客的是青花瓷餐具與滿眼清涼的玻璃器皿，秋冬則換成志野、粉引等觸握溫暖的陶器，體現了櫻久讓的待客巧思，而這樣一個視覺強烈到難以忘懷的用餐空間，自然也成為上海這一年多來打卡拍照的新聖地。

廚房內場設置在 1 樓，並將有廚師現場操作的吧檯配置位於廚房門口，一來讓運作流線合理便捷又具有展示性。

2 樓劃分成包廂區與卡座區，金色桌椅搭配著漫無邊際的粉色櫻花形成對比，在燈光微微變幻中，一邊用餐、一邊被生動的櫻花盛宴包圍，有著不可思議的幸福感。

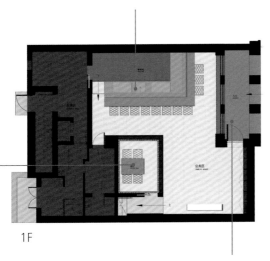

1F

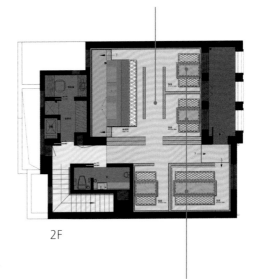

2F

因應建築外形無法更動，設計團隊轉而透過燈光設計來攫取顧客注意力，巧妙採用有色燈光變化空間色調與氛圍。

1 樓包廂外觀採用格子窗設計，複製了日式拉門的優雅，而刻意與地坪作出高低差，為了是營造出在榻榻米上用餐的日式感。

每個餐桌下方都設有 1800K 色溫的燈光，用來校正桃粉色燈光的溢色問題；餐桌上方的投射燈則使用 2700K 色溫，用於還原食物本色。

入口　**善用燈光轉化入口氛圍**

因應建築外形無法更動，孫天文轉而透過燈光設計來攫取顧客注意力，巧妙採用有色燈光變化空間色調與氛圍，其中在玻璃上繪製了櫻花與露珠，讓人看來虛實交錯若隱若現，打破既有的空間限制。

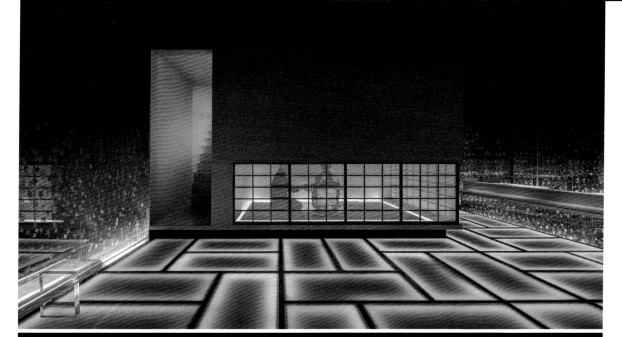

空間規劃

動線

區隔餐廳的動靜獲得最大效益

在整體空間只有 60.5 坪且需要分成兩層樓使用的狀況下，孫天文把廚房內場設置在 1 樓，並將有廚師現場操作的吧檯配置位於廚房門口，一來讓運作流線合理便捷又具有展示性；再者將具有私密要求的卡座與包廂空間配置在 2 樓，巧妙區隔出餐廳的動靜區域。

燈光

滿眼櫻花雨的超現實空間

整體空間結合燈光、櫻花和朦朧的紗這三種隨處可見的
材料與元素,打造出漫天櫻花,浪漫唯美,充滿個性化
的餐廳內部空間,讓整體空間虛實交錯,如夢似幻,彷
彿在一場很快就要醒來的夢境當中,讓人只想緊緊抓住
當下,也讓每次的造訪都顯得彌足珍貴。

創新
價值

行銷 **打破對懷石料理空間的制式想像**

在上海這個十里洋場，如何吸引消費者的討論與製造話題是商空設計的一大重點，櫻久讓將充滿女性特質的元素與懷石料理連結起來，把料理跟戀愛感做結合，成功在這個新舊交替的時尚魔都中做出強烈市場區隔，是櫻久讓品牌行銷的獨到之處。

設計心法

#清楚掌握品牌代表元素，並妥善置入空間設計。
#發揮燈光多變魅力，讓整體氛圍更顯嬌柔撫媚。
#以玻璃輕隔間滿足動線分明並保有顧客隱私。

大眾餐廳

相較高級餐廳講求用餐氛圍，大眾餐廳的服務客群更廣泛，主題也相對更多元，其中包含愈來愈多的親子餐廳、個人餐廳、寵物餐廳……等盛行，而這些餐飲品牌會從客群與市場定位切入思考，並藉由空間設計、支援設備，到工作人員的服裝造型的獨特性，吸引各種顧客到餐廳消費、用餐，以下編輯部特別列出幾種大眾餐廳類型，並羅列出這些餐飲空間各自要留意的設計要點。

| 外觀設計 |

Point 1 藉由通透明亮門面，突顯品牌親民個性

大眾餐廳多是走親民、友善的品牌定位，因此外觀部分可以形塑寬敞輕透的視覺效果，一來降低初步探訪的消費者的距離感；再者，也能無形中營造空間開闊放大的效果。

Point 2 清楚識別店招，提高過路客入內消費機率

相較高級餐廳主打私人制的尊榮感，大眾餐廳更在乎是否能吸引到過路客的目光，因此在招牌的設計上，以清楚、顯眼為重，甚至有些店家還會採用多重形式，例如側招、立招等，一方面加以突顯店位；再者也讓消費者在入口就一目了然店內販賣的餐飲類別。

| 動線設計 |

Point 1 空間規劃以「安全」為優先

其實無論是置入何種大眾餐廳設計，能被安全使用絕對是第一要件，例如親子餐廳建議不要設計過多高低差或斜坡，盡量保持用餐區與玩樂區地面水平一致，一來孩童相較於大人較為坐不住，更容易跌倒受傷；再者避免用餐時段人潮壅擠衝撞。

Point 2 動線牽引著消費者與工作人員的相互關係

許多餐廳不是「只坐著吃飯而已」的餐廳，例如飲食區與遊戲區是否清楚分開？上菜動線是否會因為玩樂中的孩童而受到干擾，更甚者造成顧客的傷害？這些都是設計師在設計時需要特別注意之處，建議設計師先界定主要送餐動線，再隨格局與座位配置次動線，尤其留意各區域的交匯點，此處的尺度必須相較周邊動線寬，讓人錯身時不用刻意閃躲。

Point 3 在前端就有的貼心細節

考慮到來到大眾餐廳翻桌率高,人潮管理上更為複雜,當中也包含許多老年人與未成年的兒童,因此在入口處設置量體溫與消毒台,可以免除生病孩童進室內交叉感染的危險;另外在廁所方面,洗手台、兒童用馬桶與哺乳室更是不能或缺,從家長的眼光設計思考才能讓使用者感受到貼心。

| 座位設計 |

Point 1 吧檯座位坪效最高

許多小酒館、日式定食等大眾餐廳都有吧檯座位,這是一個能讓吧檯的人與顧客能親密交流的位置,並且不僅坪效利用高、轉桌率較快,也能讓一個人來用餐的客人,不再因店內都是配置兩人或四人座而害怕被店家拒絕,且把這類型的顧客引導到此區入座,也是工作人員對於一人用餐客群,最明確又利於服務的設計位置。

Point 2 充分為「疲倦的一個人」思考的設計

個人餐廳蔚為流行,而其用餐客群可初步分為兩種方向:找不到伴與想一個人享受單身時光,這兩種類型有如天壤之別,因此如果餐廳有劃分區域專為一個人用餐設計時,須從這兩個方面進行思考,才能做到最體貼顧客的設計。建議設計師除了配置單人座位,更可針對服務模式下手,創造從點餐、入座,到用餐,都能真正保持不過度與他人接觸的獨立性,例如日本的一蘭拉麵,便是個人用餐店面的翹楚,除了餐廳裡配置有如 K 書中心的座位,從自動販賣機點餐到遞餐券給餐廳員工,顧客全程都不會與人交談,更遑論眼神交會,令人能充分享受一個人的用餐樂趣。

Point 3 善用活動矮隔間,彈性創造剛剛好的社交距離感

無論是單人或多人用餐,能彈性調配座位形式對店家而言,更能方便因應各種客群,但同時也要考量店家是否有餘力重新規劃整體空間,這時活動矮隔間就是最佳的輔助工具,不會過高的高度,能自由重新分配店內座位,讓人就算與鄰座的距離即使再近,也能因為有了矮隔間能降低人們的警戒心,使座位變成令人安心的場所也能帶給客人舒適感。

| 材質與燈光設計 |

Point 1 材質以易於保養為首要考量

翻桌率是檢測餐廳生意好壞的指標關鍵之一,其中大眾餐廳更是講求於此,因此在選擇空間裡大小傢具或軟裝時,多會選擇耐髒、耐磨等不須常態清洗保養的材質,例如美耐板、人造石、塑木……等;或是多選用規格品,以利損壞時能直接汰換。

Point 2 全室照明以明亮為主

相較高級餐廳,大眾餐廳的座位配置密度稍高,因此連帶照明的分佈區域,也多以整體平均打亮為優先,例如大眾居酒屋常以約 7000K 的白色日光燈照亮空間,營造活潑氣氛。天花板照明與桌面的反射光應以 7:3 為標準。但假使來自天花板的強光打在深色桌面上,照度差距也會因此變大,容易造成眼睛感到疲憊,這時最好以藉由牆面的間接照明(如洗牆燈),或檯面過道下方 LED 線燈輔助,讓整體空間的光線有主從、層次之分。

來場義式莊園派對，
享受室內野餐的趣味

Bite 2 Eat 薄多義復南店

Project Data
作品名稱／Bite 2 Eat 薄多義復南店
地點／台北市大安區
項目面積／約 135 坪（446.283m²）
設計暨圖片提供／好室設計 HAO Design

好室設計 **HAO Design** 與主打現做手工披薩的經營者「**Bite 2 Eat** 薄多義」，在位於充滿各式餐廳的台北市大安區，精心構築了一處彷若置身於義式莊園派對的魔幻場域，此空間設計發想來自於義式建築的原型，結合大量木質元素、鐵件、混搭色彩豐富的傢具與軟件，以及通透的採光設計，從「愜意歡聚、慶祝分享」的熱鬧概念出發，注入義大利的野餐哲學，並將三層樓的空間以迴轉鐵梯串聯，領人進入每層不同的空間敘事。

在 Bite 2 Eat 薄多義復南店的建築外觀，設計師陳鴻文運用米色石頭漆仿製義式石頭小房子的建築原型，建築上方雕刻出比鄰而建的房屋剪影且搭配鐵件窗框。1 樓拱形外門廊和兩張木椅凳形塑出歐式廣場，讓顧客在等待的時間中能輕鬆得談天說地，入口處打造一扇通透的鍛造鑄鐵門，推開後立即能看見披薩窯爐的製餐區，加深顧客對食材的安心；區域主要規劃為放鬆的酒館風格，主牆面以仿舊文化石呈現出質樸感，佐以麻繩手工編織的品牌 LOGO，天花運用杉木實木板，刷上白漆與裸露的水泥樑柱呈現出復古的空間感，再搭配義大利窯變磚的不同色澤鋪陳地板，透過略帶昏黃的燈光照射下，呈現酒館微黯卻溫暖的風采。內部桌椅佈局除了一張長約 3 米的 12 人座實木桌外，還有能滿足商務客、情侶約會設計的兩人座位區，享受用餐情趣。

沿著白色迴轉鐵梯進入 2 樓，區域設定為充滿熱帶植物的大自然野餐風格，運用不同的高低地坪和視覺主牆區隔出兩大用餐場域。左邊臨馬路窗邊的架高地板區為親子客群的最愛，地板採木紋磚拼貼，低矮的桌面設計則混搭了色彩豐富的墨西哥花布與日式織品為坐墊，讓小朋友能不受束縛的隨處走動爬行；右邊的用餐區以紅磚、水泥底牆搭配野餐意象的插畫作為主要視覺，設置 2～4 人的實木桌與麻質長椅，而錯落懸掛在天花板的各式藤編造型燈具，將此區用餐環境注入活潑且溫馨的生活氛圍。3 樓則規劃出野戶露營的粗獷風格，將實木材質降低，只在局部地板、百葉窗邊及夾板包覆的柱體使用，並設計水泥模板天花。靠窗處用白色鐵椅和小圓桌營造露天公園的休閒感，植栽裝飾以多肉植物、蕨類與大型落地盆栽為主，而特殊工法的水泥仿石板拼貼磚牆保留了原始石材的手感；另一區則放置適合 2～3 人坐的小帳蓬座位或低高度的折疊露營椅，不同的桌椅配置也讓顧客在用餐的過程中可以更為享受，連同懸掛在牆上配有粗麻繩的煤油吊燈及葉藤設計，堆疊出空間內豐富且有張力的面貌。

多種材質混用，區隔樓層間的空間表情

Bite 2 Eat 薄多義復南店打破過往常見制式且單調設計的商業用餐環境，融合如木素材、文化石、麻繩、布幔織品和綠色植栽等自然建材，注入多元風格的生活樣貌，當中莫過於著重在軟裝配飾的手法

變化，陳鴻文分享其觀點：「餐廳除了本身的料理品質，另外重視的就是消費者體驗一用餐氛圍能不能有好的感受，所以結合品牌的熱鬧調性，讓空間設計是能持續動態改造，軟裝的變化與彈性就成為最大的關鍵」舉例來說，將坐墊採用仿布的皮革和麻質椅背，能提升質感且易於整理，另外選用豐富花色的坐墊，就可以依據時節來做變化，不但第一時間能帶給顧客新穎觀感，同時也能成為深刻的記憶點。

除此之外，陳鴻文表示，營造空間中的視覺焦點就能弱化空間中原有的缺陷，以此案建築中央的白色旋轉鐵梯來說，當作視覺的核心，圍繞著綠意和天井採光吸引住顧客的目光，間接彌補了窗外街景雜亂的缺點，另外，1 樓前廳設置大型備餐區與中央柱體整合，更巧妙地化解柱體所產生的厚重形象。最後，陳鴻文進一步說明空間如何創造優勢讓顧客想再度回訪，「品牌在空間風格的規劃上成功打造出亮點，顧客來訪時，無論是與家人或朋友，都可以選擇在不同的區域來感受氛圍。」這也實踐了品牌所想要傳遞出「義大利野餐哲學」所隱含的深刻意義。

靠近一樓櫥窗處設置「小市集」，販售品牌使用的橄欖油、麵條、酒醋等義大利食材，讓各式商品在黑色鐵架上展示，不但便於顧客選購，也讓外頭來往經過的客人能夠駐足探詢。

1 樓前廳設置大型備餐區與中央柱體整合，更巧妙地化解柱體所產生的厚重形象。

3 樓部分地面鋪陳磨石子磚及裸露的天花設計，並設計仿洞穴壁面的拱形門，讓面貌張力更為豐富，創造出整體空間的粗獷感。

1F

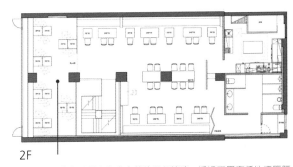

2F

2 樓空間設定為大自然的野餐情境，透過不同高低地坪區隔出各種座位區，其中臨窗處為架高木地板的親子區、右邊用餐區以紅磚、水泥底牆搭配野餐意象的插畫作為主要視覺，設置 2 ～ 4 人的實木桌與長椅。

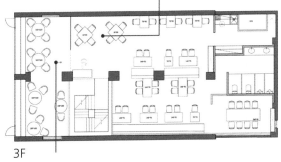

3F

3 樓空間在靠窗處擺設容納 2 ～ 3 人的白色鐵椅和小圓桌，並且以多肉植物、蕨類與大型落地盆栽妝點空間，讓人彷若徜徉於露天公園的休閒感。

外觀 拱形鍛造鑄鐵門，光線前後流瀉

空間設計發想自義大利質樸且絢麗的小房子，建築外觀融合鐵件窗框及斜頂房屋的剪影，晚間搭配燈光投射，營造出吸睛的視覺效應；拱形的鍛造鑄鐵門，有效消弭空間內外感的界線，打造出良好的視覺穿透感，在推開門後更能立刻看見披薩窯爐的製餐區。

座位 ▷

徜徉室內野餐情境，席地而坐抑或藤椅享受

空間運用大地色系、灰與染白色澤打造出懷舊視覺，2 樓空間設定為大自然的野餐情境，透過不同高低地坪
區隔出不同場域──臨窗處為架高木地板的親子區、右邊用餐區以紅磚、水泥底牆搭配野餐意象的插畫作為
主要視覺，設置 2 ～ 4 人的實木桌與長椅。

軟裝

綠意植栽與溫暖黃光，沉澱每顆驛動的心

3 樓空間在局部地板、百葉窗邊及夾板包覆的柱體使用實木材質，靠窗處擺設容納 2 ～ 3 人的白色鐵椅和小圓桌，並且以多肉植物、蕨類與大型落地盆栽妝點空間，搭配 LED 黃燈低瓦度的麻繩吊燈，讓人彷若徜徉於露天公園的休閒感。

材質

野戶露營，宛若置身洞穴般的原始場景

3 樓規劃為野戶露營的風格，地面鋪陳磨石子磚及裸露的天花設計，而特殊工法的水泥仿石板拼貼磚牆保留了原始石材的手感，並設計仿洞穴壁面的拱形門，讓面貌張力更為豐富，創造出整體空間的粗獷感。

創新價值

`行銷` ▷ **食材原物料立即帶著走，垂直動線引領進入多元風格**

靠近 1 樓櫥窗處設置「小市集」，販售品牌使用的橄欖油、麵條、酒醋等義大利食材，讓各式商品在黑色鐵架上展示，不但便於顧客選購，也讓外頭來往經過的客人能夠駐足探詢；另外後方的白色旋轉鐵梯，串聯整體空間的垂直動線，點綴大量的綠色藤蔓營造出空間的綠帶意象，並且引領到訪顧客進入不同樓層的敘事風貌。

設計心法

善用軟裝等異材搭配，讓空間各處散發不同風情。
提供多元群聚座位模式，吸引各種需求消費客群。
巧妙利用空間推廣選物，藉機加深品牌定位形象。

IDEAL BUSINESS 018

餐飲空間設計聖經2.0

作者｜漂亮家居編輯部
責任編輯｜洪雅琪
文字採訪｜余佩樺、王馨翎、許嘉芬、楊宜倩、張麗寶、
　　　　　田瑜萍、黃珮瑜、李與真、劉采絲、胡家暉
美術設計｜王彥蘋、鄭若誼、白淑貞

發行人｜何飛鵬
總經理｜李淑霞
社長｜林孟葦
總編輯｜張麗寶
副總編輯｜楊宜倩
叢書主編｜許嘉芬

出 版｜城邦文化事業股份有限公司麥浩斯出版
地 址｜104 台北市中山區民生東路二段141號8樓
電 話｜02-2500-7578
E m a i l｜cs@myhomelife.com.tw

發 行｜英屬蓋曼群島商家庭傳媒股份有限公司城邦分公司
地 址｜104 台北市中山區民生東路二段141號2樓
讀者服務專線｜02-2500-7397；0800-033-866
讀者服務傳真｜02-2578-9337
E m a i l｜service@cite.com.tw
劃撥帳號｜1983-3516
劃撥戶名｜英屬蓋曼群島商家庭傳媒股份有限公司城邦分公司

香港發行｜城邦（香港）出版集團有限公司
地 址｜香港灣仔駱克道193 號東超商業中心1樓
電 話｜852-2508-6231
傳 真｜852-2578-9337
電子信箱｜hkcite@biznetvigator.com

新馬發行｜城邦（新馬）出版集團Cite（M）Sdn. Bhd.（458372 U）
地 址｜41, Jalan Radin Anum, Bandar Baru Sri Petaling,57000 Kuala Lumpur, Malaysia
電 話｜603-9056-3833
傳 真｜603-9057-6622

總經銷｜聯合發行股份有限公司
電 話｜02-2917-8022
傳 真｜02-2915-6275

製版印刷｜凱林彩印事業股份有限公司
版次｜2020年09月初版一刷
定價｜新台幣599元

國家圖書館出版品預行編目(CIP)資料

餐飲空間設計聖經2.0 / 漂亮家居
編輯部作. -- 初版. -- 臺北市
: 麥浩斯出版 : 家庭傳媒城邦分
公司發行, 2020.08

面；　公分. -- (Idea business；18)

ISBN 978-986-408-622-1(平裝)
1.家庭佈置 2.室內設計 3.餐廳

422.52　　　　　　　109010784